電気・電子・情報工学基礎講座 5

新版 電気・電子計測

新妻弘明 中鉢憲賢
著

清水 洋・西澤潤一・村上孝一・木村正行／編集

朝倉書店

編集委員

清　水　　　洋　東北大学名誉教授

西　澤　潤　一　東北大学名誉教授

村　上　孝　一　東北大学名誉教授

木　村　正　行　東北大学名誉教授

編集幹事

髙　木　　　相　東北大学名誉教授

豊　田　淳　一　東北大学名誉教授

佐　藤　徳　芳　東北大学名誉教授

新版の刊行にあたって

　本書初版を著すにあたり，最新の計測技術，計測機器について記述するというよりは，時代の流れをつかみながらも，時代によらない計測の基本原理，原則の理解を目指した内容を意図した．しかし，電気・電子技術の著しい発展の渦中にあって，その後本書がそれに耐えうるものであるか一抹の不安もあった．それから10年以上を経て，計測をめぐる状況の進展には隔世の感があるが，本書の内容は，いま見直してみても，電気・電子計測を学ぶためのもっとも基本的な考え方を示しているといえよう．情報過多の時代にあって，これからのわが国の科学技術の基礎教育を考えるとき，単なる知識の授与ではなく，「自ら学ぶ能力」あるいは「習わないことがわかる能力」の涵養が重要であるといわれている．その意味で，「時代によらない計測の基本原理，原則の理解」はますます重要になると思われる．

　しかし，私自身本書を用いて10年以上にわたり講義をしてきて，この数年，ある異変を感じている．それは，現代の学生が，以前の学生に比べ，実際のモノに関するイメージが欠如してきていることである．モノに接していないため，周囲にあるものの理解が不足していたり，物理的直感力の低下が顕著になってきている．このため，以前の学生であれば容易に理解できたところも，同じ説明では理解できにくくなっているのである．その一方で，コンピュータの著しい普及により，そのしくみをあまり考えず，モノをブラックボックスとしてみてしまう傾向がますます顕著になってきている．そういう観点で本書を見直してみると，説明を加えたり，書き直したりした方がよい部分が散見され，さすがに古くなった用語や説明の書換えも含め，新版を執筆することにした．

　新版では，全般にわたりモノに即した説明を補強するとともに，発想のポイントとなりそうなところをコラムとして書き加えた．また，基本原理の理解という意味で省略できるところはできるだけ省略する一方，計測システム全体のイメージが把握できるように，新たにセンサの記述を第3章として付け加えた．初版では手書きトレース図面の修正に大分苦労したが，新版ではコンピュータ作図のお

かげでみやすく鮮明なものになっていると思う．本書の内容の基礎である電気回路については，姉妹書である拙著『電気回路を中心とした線形システム論』（朝倉書店）をご活用頂きたい．

これからの科学技術者は，単に計測器を使えるだけではなく，自らがその根本原理を考え，その計測システム，計測方法に創意工夫を加えるのでなければならない．この意味で，いま，モノに即した教育がますます重要になってきているといえる．本書がそのための一助となれば幸いである．

最後に，初版本を10年以上にわたって出版し続け，このたび新版出版の機会を与えて下さった朝倉書店に謝意を表したい．

2003年2月

著者しるす

目　　次

1. **電気・電子計測の基本概念** ………………………………………… 1
   1.1 計測と測定 ……………………………………………………… 1
   1.2 計測のブロック・ダイアグラム ……………………………… 2
   1.3 計測にあたっての基本原則 …………………………………… 3
   1.4 測定方式 ………………………………………………………… 5

2. **単位系と電気標準** …………………………………………………… 9
   2.1 基本単位と組み立て単位 ……………………………………… 9
   2.2 測定器の校正とトレーサビリティ体系 ……………………… 12

3. **セ ン サ** ……………………………………………………………… 14
   3.1 インピーダンス変化型センサ ………………………………… 14
   　　3.1.1 抵抗変化型センサ ……………………………………… 14
   　　　　ひずみセンサ／温度センサ／可変抵抗器／抵抗変化型センサの応用
   　　3.1.2 インダクタンス変化型センサ ………………………… 17
   　　3.1.3 容量変化型センサ ……………………………………… 19
   　　3.1.4 伝達インピーダンス変化型センサ …………………… 19
   　　　　相互インダクタンス変化型センサ／ホール素子
   3.2 起電力型センサ ………………………………………………… 24
   　　3.2.1 電磁誘導型センサ ……………………………………… 24
   　　　　電磁流量計／磁気ヘッド／振動センサ
   　　3.2.2 熱起電力型センサ ……………………………………… 26
   　　3.2.3 パイロセンサ …………………………………………… 28
   　　3.2.4 圧電センサ ……………………………………………… 28

4. 信 号 源 ……………………………………………………… 30
4.1 理想電源 ………………………………………………… 30
4.2 電源の等価回路と信号源インピーダンス …………………… 31
4.2.1 鳳-テブナンの定理と電源の等価回路 ………………… 31
4.2.2 信号源インピーダンスの持つ意味 …………………… 33
誘導雑音と信号源インピーダンス／信号のエネルギーと信号源インピーダンス
4.3 信号波形 ………………………………………………… 36
4.3.1 周期信号 …………………………………………… 36
周期信号と信号パラメータ／フーリエ級数／複素スペクトル
4.3.2 単発信号とフーリエ変換 …………………………… 42
4.3.3 時間領域と周波数領域 ……………………………… 47

5. 雑 音 ……………………………………………………… 48
5.1 計測と雑音 ……………………………………………… 48
5.2 雑音源 …………………………………………………… 50
5.2.1 熱雑音 ……………………………………………… 50
5.2.2 $1/f$ 雑音 …………………………………………… 52
5.2.3 ショット雑音 ………………………………………… 53
5.2.4 熱起電力 …………………………………………… 53
5.3 素子の雑音 ……………………………………………… 53
5.3.1 抵抗の雑音 ………………………………………… 54
5.3.2 コンデンサの雑音 …………………………………… 54
5.3.3 インダクタンスの雑音 ……………………………… 55
5.3.4 電子素子，電子回路の雑音 ………………………… 55
5.4 雑音の表しかた ………………………………………… 56
5.4.1 雑音の単位とパラメータ …………………………… 56
5.4.2 雑音源の等価回路 ………………………………… 58
5.5 外部雑音の誘導とその等価回路 ………………………… 60
5.5.1 計測系への外部雑音の誘導 ………………………… 60
5.5.2 コモンモードとノーマルモード ……………………… 61

5.5.3　誘導雑音の等価回路 ……………………………………… 63
　5.6　雑音対策 ……………………………………………………………… 64
　　5.6.1　逆接続 ………………………………………………………… 64
　　5.6.2　信号源インピーダンス変換 ………………………………… 66
　　5.6.3　シールド ……………………………………………………… 66
　　　　静電誘導とシールド／電磁誘導とシールド
　　5.6.4　アース ………………………………………………………… 72
　　5.6.5　差動増幅 ……………………………………………………… 75

6. 電磁気量の測定 ……………………………………………………………… 79
　6.1　信号源からの信号の伝達 …………………………………………… 79
　　6.1.1　測定器の入力インピーダンスとその影響 ………………… 79
　　6.1.2　分圧，分流による測定範囲の拡大 ………………………… 81
　　6.1.3　信号源と測定器の絶縁 ……………………………………… 83
　6.2　電圧の測定 …………………………………………………………… 84
　　6.2.1　オシロスコープ ……………………………………………… 84
　　6.2.2　指示計器 ……………………………………………………… 87
　　6.2.3　電位差計 ……………………………………………………… 88
　　6.2.4　ディジタル・ボルトメータ ………………………………… 89
　　6.2.5　振動容量型電位計 …………………………………………… 91
　　6.2.6　静電型電圧計 ………………………………………………… 92
　　6.2.7　エア・ギャップ法 …………………………………………… 94
　　6.2.8　電気光学効果を用いた方法 ………………………………… 94
　6.3　電流の測定 …………………………………………………………… 95
　　6.3.1　指示計器 ……………………………………………………… 95
　　6.3.2　電位差測定による方法 ……………………………………… 95
　　6.3.3　電子電流計 …………………………………………………… 96
　　6.3.4　電流プローブ ………………………………………………… 96
　　6.3.5　熱電型計器 …………………………………………………… 97
　6.4　電荷の測定 …………………………………………………………… 98
　　6.4.1　ファラデー・ケージ ………………………………………… 99

6.4.2 チャージアンプ …………………………………………………… 99
6.5 抵抗,インピーダンスの測定 ………………………………………… 100
　6.5.1 電圧-電流法 ……………………………………………………… 100
　6.5.2 ベクトル・インピーダンス・メータ ………………………… 104
　6.5.3 抵抗計 …………………………………………………………… 104
　6.5.4 電位差計法 ……………………………………………………… 106
　6.5.5 ブリッジ ………………………………………………………… 106
　　4辺ブリッジ／変成器ブリッジ／アクティブ・ブリッジ
　6.5.6 Qメータ ………………………………………………………… 113

7. 信 号 処 理 ……………………………………………………………… 115

7.1 誤　差 …………………………………………………………………… 115
　7.1.1 誤差の種類 ……………………………………………………… 116
　　系統誤差／過失誤差／偶然誤差
　7.1.2 誤差伝播の法則 ………………………………………………… 117
7.2 信号パラメータの測定 ………………………………………………… 118
　7.2.1 平均値の測定 …………………………………………………… 118
　7.2.2 ピーク値の測定 ………………………………………………… 121
　7.2.3 電力,エネルギーの測定 ……………………………………… 122
　　3電圧計法／乗算器を用いる方法／パルス変調による方法
　7.2.4 実効値の測定 …………………………………………………… 125
　　実効値に対応した値を出力するセンサによる方法／ピーク値からの換算による方法／整流波形の平均値から求める方法／RMS-DCコンバータによる方法
　7.2.5 位相差の測定 …………………………………………………… 126
　　時間測定による方法／リサージュによる方法／移相器を用いる方法
　7.2.6 周波数の測定 …………………………………………………… 129
　　周波数カウンタによる方法／共振を利用した方法／比較法
　7.2.7 周波数スペクトルの測定 ……………………………………… 133
7.3 雑音の混入した信号の処理 …………………………………………… 135
　7.3.1 測定時間と雑音 ………………………………………………… 135
　7.3.2 フィルタリング ………………………………………………… 137

フィルタの伝達特性／各種伝達特性／フィルタの実現
 7.3.3　ゼロレベル補正 …………………………………………… 144
 7.3.4　平滑化 ………………………………………………………… 146
  フィルタリング／移動平均／加重移動平均
 7.3.5　同期加算 …………………………………………………… 150
 7.3.6　同期検波 …………………………………………………… 152
  同期検波の原理／等価狭帯域特性／ロックイン・アンプ／チョッピング

付録 A　正弦波信号の複素数表示 …………………………………… 163

付録 B　IC 演算増幅器 ………………………………………………… 166
 B.1　理想演算増幅器とその動作 …………………………………… 166
  B.1.1　理想演算増幅器 ………………………………………… 166
  B.1.2　演算増幅回路 …………………………………………… 167
  B.1.3　仮想接地点の概念 ……………………………………… 168
 B.2　IC 演算増幅器の特性 …………………………………………… 170

参 考 図 書 ……………………………………………………………… 171
索　　　引 ……………………………………………………………… 173

コラム
☼ 象の体重を測る話　7
☼ 感じないセンサ　17
☼ 自然現象を逆手にとる　65
☼ 不可能を可能にする (1)　84
☼ 常識の逆転　93
☼ 不可能を可能にする (2)　96
☼ 4 極法の原理を応用した遠隔計測　103
☼ 臭いものに蓋　139

書籍の無断コピーは禁じられています

　書籍の無断コピー（複写）は著作権法上での例外を除き禁じられています。書籍のコピーやスキャン画像、撮影画像などの複製物を第三者に譲渡したり、書籍の一部をSNS等インターネットにアップロードする行為も同様に著作権法上での例外を除き禁じられています。

　著作権を侵害した場合、民事上の損害賠償責任等を負う場合があります。また、悪質な著作権侵害行為については、著作権法の規定により10年以下の拘禁刑もしくは1,000万円以下の罰金、またはその両方が科されるなど、刑事責任を問われる場合があります。

　複写が必要な場合は、奥付に記載のJCOPY（出版者著作権管理機構）の許諾取得またはSARTRAS（授業目的公衆送信補償金等管理協会）への申請を行ってください。なお、この場合も著作権者の利益を不当に害するような利用方法は許諾されません。

　とくに大学教科書や学術書の無断コピーの利用により、書籍の販売が阻害され、出版じたいが継続できなくなる事例が増えています。

　著作権法の趣旨をご理解の上、本書を適正に利用いただきますようお願いいたします。

［2025年6月現在］

1. 電気・電子計測の基本概念

1.1 計測と測定

われわれは日常，計測とか測定という言葉をなにげなく用いている．電気・電子計測を学ぶにあたって，計測と測定の定義や両者の違いを明確にしておくことはとくに重要である．

日本工業規格 **JIS Z 8103** では，**測定 (measurement)** の定義を次のように与えている．

> 測定 「ある量を，基準として用いる量と比較して，数値または符号を用いて表すこと．」

すなわち，未知量を X，基準量を U とすれば，測定とは未知量を

$$X = M \cdot U \tag{1.1}$$

なる形で表現することである．一般に基準量 U として**単位 (unit)** が用いられる．たとえば，ものの長さを表現するのに，長さの単位メートルの1.5倍で1.5メートルなどと表すことに対応する．

これに対し，**計測 (instrumentation)** の定義はどうであろうか．同じく，JIS Z 8103 によれば，

> 計測 「何らかの目的を持って，事物を量的にとらえるための方法・手段を
> ─────────   ─────────
>   (1)   (2)
> 考究し，実施し，その結果を用いること．」
>   ─────
>   (3)

である．つまり計測では，(1) 目的を明確にし，(2) その目的を達成するために，いかなる量を測定対象とすればよいか，さらに，それをいかなる方法で測定すればよいかを考えたうえで測定を実施し，さらに (3) その結果を用いること，が必

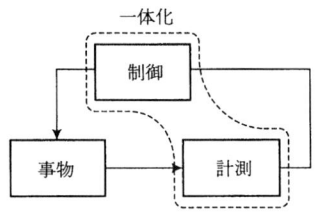

図 1.1　計測と制御の一体化
事物の計測によって得られた情報は事物そのものの制御に用いられることが多い．このとき，計測と制御は一体化する．

要である．すなわち，計測では，結果を工学的に用いることを前提とした合目的的な測定がとくに重要であり，この合目的性が測定手法を考えるうえでのもっとも重要なガイドラインであることに注意すべきである．また測定結果を，ある目的に用いることが可能なようにデータ処理を行うことも，計測の重要な要素である．

最近，エレクトロニクスや情報処理技術の発展にともないコンピュータ制御による自動機械やロボットなどが多数用いられるようになった．これらのシステムでは計測技術が重要な役割を演じている．すなわち，そこでは図 1.1 に示すように，事物の位置，運動，温度などが計測され，その結果は即時に情報処理され機械や事物の制御に用いられる．このように，計測は制御と一体となってシステム化されることも多い．

1.2　計測のブロック・ダイアグラム

図 1.2 は計測システムを理解するためのブロック・ダイアグラムである．計測システムは，電圧，電流，温度，変位，加速度，圧力などの
　① **信号源**（測定対象）
それらの信号をわれわれの扱いやすい電気信号に変換する，
　② **センサ**（変換器，トランスジューサ，検出器などともいう）
変換された電気信号から目的に合った情報を取り出すための，
　③ **信号処理**
からなっている．また，信号処理では測定値と比較するための，
　④ **基準量**
が必要である．信号処理から信号源への矢印は測定結果により信号源の条件を変

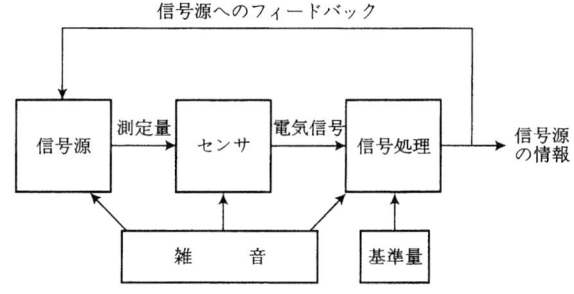

図 1.2　計測システムのブロック・ダイアグラム

化させるためのフィードバック*を表している．計測システムでは，信号源，センサ，信号処理の各段階で，

⑤ **雑音**

が混入する．計測ではこの雑音の混入を前提として，信号検出法，信号処理法を考える．

本書では，これらの計測の要素に対応して，第2章では単位系と電気標準，第3章ではセンサ，第4章では信号源，第5章では雑音，第6章では電磁気量の測定，第7章では信号処理について，その考え方と具体的な方法を述べる．

本書では測定対象である信号源として，電圧，電荷，電流，インピーダンスなどの電磁気量を主として考えるが，圧力や温度などの非電磁気量の計測では，センサそのものを電気的な信号源と考えればよく，本書の考え方がそのまま適用できる．

1.3　計測にあたっての基本原則

実際に計測を行うに際し，次の基本原則を念頭におかなければならない．

(1)　**測定目的を明らかにする．**

1.1で述べたように，計測はある目的を持っている．したがって，測定の前にこの目的を明確にしておくとともに，その工学的意味を十分理解しておくことが重要である．この目的によって，測定対象や測定方法，信号処理法を適切に選択する必要がある．

---

*　一般に，結果に含まれる情報を原因に反映させ，調節をはかることを**フィードバック** (feedback) という．

(2) **測定対象をよく知る．**

まず，測定対象である物理現象そのものをよく理解することである．現象そのものには関知せずにいたずらに測定系そのものを高度にすることは，電気計測者のおかしやすい間違いである．測定対象をよく理解し，条件を適度に変えてやれば，信号レベルが容易に10倍になるなどということはたびたび遭遇することである．また，測定対象である信号の性質すなわち，それが直流信号なのか交流信号なのか，周期信号なのか単発信号なのか，規則的な信号なのか不規則信号なのか，信号のレベルはどのくらいか，周波数帯域はどのくらいか，などをあらかじめ知っておく必要がある．なぜならば，それら信号の性質によって測定法や信号処理法がまったく異なるからである．信号の性質が不明な場合には，それらが明らかになるような測定を行い，その結果にもとづき，さらに高精度の測定を行う必要がある．

(3) **信号源の質をできるだけ良くする．**

計測の質を上げるには信号源の質を上げるのが最善である．したがって，測定系の質を上げる前に，信号源の質を向上させる努力が必要である．ここで，信号源の質とは，雑音レベルが低いこと，信号源インピーダンスが低いこと，信号エネルギーが大きいこと，などである．このことについては第4章で学ぶ．

(4) **測定の測定対象への影響を十分考慮する．**

測定対象へまったく影響を与えずに測定を行うことはきわめて困難である．たとえば電圧を測定するために測定対象にリード線を介し電圧計を接続すれば，リード線を接続したことによる電磁界の乱れ，電圧計に流れこむ電流の影響などが必ず生ずる．したがって，これら測定対象への影響を前提としたうえで，その影響を実用上問題にならない程度まで低下させるような測定を行うことが重要である．

(5) **測定目的に合った信号処理と信号源へのフィードバック．**

最近のエレクトロニクス，ディジタル信号処理技術などの発展にともない，アナログ信号処理，ディジタル信号処理，ハードウェアによる信号処理，ソフトウェアによる信号処理，など多種多様な信号処理法が開発されている．したがって，処理時間，精度，抽出できる情報，などが測定目的に合致するような信号処理法を選択する必要がある．また，それによって得られた信号を信号源にフィードバックすることにより，測定精度や効率が大幅に改善できる場合も少なくない

のでこれらの手法の導入を試みることが重要である.

1.4 測定方式

われわれは日常，いろいろな方法で測定を行っている．たとえば重さを測定する場合，バネばかりを用いたり天秤を用いたりしている．両者に測定方式の違いがあるのは明白であろう．前者は偏位法，後者はゼロ位法と呼ばれている．それでは，電気・電子計測において重要な3つの基本的な測定方式についてそれらの原理と特徴を考えてみよう．

a. 偏位法 偏位法 (deflection method) はバネばかりのように，測定量を変換器によって指針の振れなどに変換する測定方式である．ブロック・ダイアグラムは図1.3に示すようなものであり，信号の流れは一方向で開ループである．指示計器 (メータ)，オシロスコープなどによる測定が偏位法の例である．偏位法ではセンサの誤差が測定値に直接影響する．

b. ゼロ位法 ゼロ位法 (zero method, null method) は天秤のように，大きさの調整できる既知の基準量と測定量を比較し，両者が等しくなったときの基準量の大きさから測定量を知る方法で，そのブロック・ダイアグラムは図1.4のよ

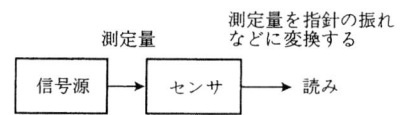

図1.3 偏位法のブロック・ダイアグラム
偏位法では測定量を変換器によって指針の振れ
などに変換して測定する．

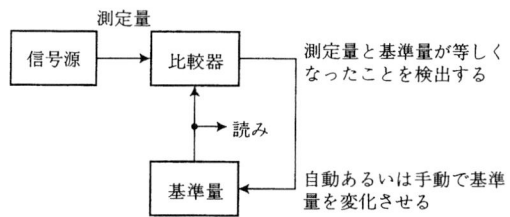

図1.4 ゼロ位法のブロック・ダイアグラム
ゼロ位法では測定量を既知の基準量と比較し，両者が等しく
なったことを検出することにより測定量の値を知る．

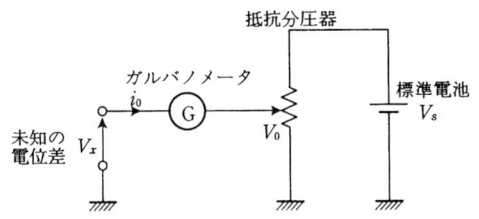

図1.5 ゼロ位法による電位差の測定
$V_x = V_0$ であれば $i_0 = 0$ である.このとき抵抗分圧器
の目盛を読んで V_0 の値を知る.

うになる.ゼロ位法は基準量と測定量が等しくなったことを検出する比較器と,その比較の結果により値が調整できる基準量からなっており,比較の結果を基準量にフィードバックするような閉ループを構成している.図1.5はゼロ位法による電位差測定の例である.ここでは比較器としてガルバノメータ(高感度の電流計),値が調整できる基準量として,標準電池の電圧をポテンショメータ(抵抗分圧器)で分圧したものを用いている.基準電圧はポテンショメータの目盛から直読できるようになっている.未知の電位差 V_x とポテンショメータの出力 V_0 が等しくなったことはガルバノメータに電流が流れなくなったことで知ることができる.

この例からもわかるように,ゼロ位法の特徴は測定値と基準値がバランスしたときは信号源から測定系へのエネルギーの供給がないことである.このため,測定対象への影響を実効的になくすることができ,図1.5の例では測定系の入力抵抗* が原理的には無限大になる.また,比較器に誤差があってもゼロ検出さえ正確に行われれば比較器の誤差が測定値に影響しないのが大きな特徴である.また,基準量が正確ならば比較器の感度** の許すかぎり正確な測定が可能である.ブリッジ,電位差計,自動平衡計器などがゼロ位法を用いた測定器の例である.

---

* ここでいう入力抵抗とは入力端子における電圧と電流の比を指している.この場合,電圧が有限で電流がゼロであるから入力抵抗は無限大となる.

** 感度は精度と同義語ではない.感度はある入力に対し出力がどのぐらいあるかを示すパラメータであり,その出力が入力を正確に反映しているかどうかは問わない.一般に検出器では精度を問わなければ感度を上げることは比較的容易である.ただし検出器の種類が同じであれば感度と精度はおおよそ比例することが多い.

> ☆ **象の体重を測る話**
> 　昔，中国のある町で人々が象の体重を測ろうとしたが，測れるようなはかり（体重計）がなく思案に暮れていた．そこに旅人が通りがかり，それは簡単だという．旅人は人々に舟を用意させ，それに象を乗せた．そこでふなべりに印をつけ，象を降ろした後，今度は舟が同じところまで沈むようにたくさんの石を積ませた．そして，それぞれの石の重さを個別に測り，その総和から象の体重を求めてみせたということである．これは一種のゼロ位法である．
> 　このようにゼロ位法は，測定量を直接測れないときに，それを基準量に置き換えて測るというはたらきも有している．
> 　身のまわりにあるいろいろな測定を偏位法やゼロ位法の観点から見直し，それらの特徴を考えてみよう．

c. 補償法　ゼロ位法と偏位法を組み合わせたものが**補償法** (compensation method) である．補償法は，図1.6に示すように，測定量から，それとほぼ等しい既知の基準量を差し引き，その差を偏位法で測定するものである．

　一般に，センサの感度とその測定可能な範囲（ダイナミック・レンジ）は，片方を大きくすると片方が小さくなるという相反するパラメータである．補償法は，測定値が高感度のセンサの測定範囲に入るように，ある基準量を測定量から差し引くことにより，測定の精度を高めるものである．いま，変換器の測定範囲が $0 \leq V \leq V_R$ であり，誤差が εV_R であったとすると，測定誤差 e は測定量を V_x として，

偏位法の場合 $V_x \leq V_R$ であるから，

$$e = \frac{\varepsilon V_R}{V_x} \geq \frac{\varepsilon V_x}{V_x} = \varepsilon \tag{1.2}$$

補償法の場合，補償量を V_{x0} とすれば $V_x - V_{x0} \leq V_R$ であるから，

$$e = \frac{\varepsilon V_R}{V_x} \geq \varepsilon \frac{V_x - V_{x0}}{V_x} \tag{1.3}$$

となって，補償法の場合，測定誤差を $(V_x - V_{x0})/V_x$ だけ小さくすることができる．

　補償法は周波数領域[*]においても適用することが可能である．図1.7にその例を示す．本測定系は周波数 f の信号 $s(t)$ と周波数 f_0 の補償信号 $s_c(t)$，乗算器およびローパス・フィルタからなっている．いま，

---
[*] 周波数領域の概念については4.4で述べる．

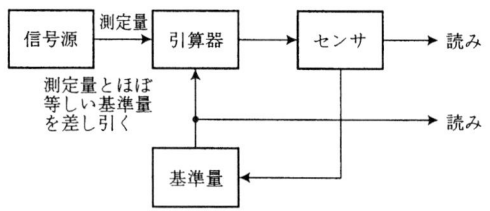

図 1.6 補償法のブロック・ダイアグラム
補償法では測定量から基準量を差し引き，その差を偏位法で読み取る．

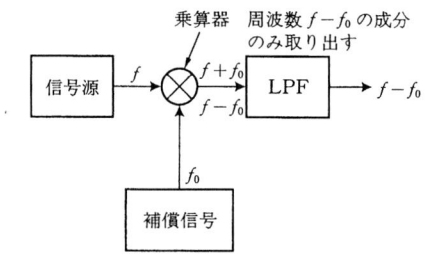

図 1.7 周波数領域での補償法
乗算器で信号周波数と補償信号周波数の和と差の周波数の信号を
つくり，ローパス・フィルタで差の周波数成分のみを取り出す．

$$s(t) = s \cos 2\pi f t$$
$$s_c(t) = s_c \cos(2\pi f_0 t + \varphi)$$

とすれば，乗算器の出力 $m(t)$ は

$$m(t) = s s_c \cos 2\pi f t \cdot \cos(2\pi f t + \varphi)$$
$$= \frac{s s_c}{2}[\cos\{2\pi(f+f_0)t + \varphi\} + \cos\{2\pi(f-f_0)t - \varphi\}]$$

となり，信号周波数と補償信号周波数の和と差の周波数の信号が現れる．そこでローパス・フィルタにより和の周波数成分を取り除いてやれば，信号周波数を f_0 だけ低下させることができる．このようにすることにより，信号の低周波化や周波数計測の高精度化をはかることができる．また，補償信号の周波数を可変にしてやれば任意の周波数の信号を一定の周波数の信号に変換することができ，後の信号処理が容易になる．このような方式をスーパー・ヘテロダインといい，放送受信機，スペクトラム・アナライザ，ロックイン・アンプなどに用いられている（7.2.7, 7.3.6 参照）．

2. 単位系と電気標準

2.1 基本単位と組み立て単位

測定には測定対象の種類によっていろいろな**単位** (unit) が必要になる。しかし，物理量のなかには，たとえば，[速度]=[距離]/[時間]のように，相互に関係を持ったものが多い。したがって，われわれがいくつかの基本となる単位を定めると，他の単位はその組み合わせによって導くことができる。ここで前者を**基本単位** (fundamental unit)，後者を**組み立て単位** (derived unit) という。基本単位の選び方はいろいろ考えられるが，1960 年に開催された国際度量衡総会においてMKSA単位系を拡張した**国際単位系 (SI)** が採択され，その後，国際的に

表 2.1 国際単位系 (SI) の基本単位

量	単 位	記号	定 義
時間	秒 (second)	s	^{133}Cs 原子の基底状態の 2 つの超微細準位の間の遷移に対応する放射の 9192631770 周期の継続時間.
長さ	メートル (meter)	m	光が真空中で 1/299,792,458 s の間に進む距離.
質量	キログラム (kilogram)	kg	国際キログラム原器の質量.
電流	アンペア (ampere)	A	真空中に 1 m の間隔で平行におかれた，無限に小さい円形断面積を有する，無限に長い 2 本の直線状導体のそれぞれを流れ，これらの導体の長さ 1 m ごとに 2×10^{-7} N の力を及ぼし合う一定の電流.
温度	ケルビン (kelvin)	K	水の三重点の熱力学的温度の 1/273.16. 温度間隔にも同じ単位を使用.
物質の量	モル (mole)	mol	0.012 kg の ^{12}C に含まれる原子と等しい数の構成要素を含む系の物質量.
光度	カンデラ (candela)	cd	周波数 540×10^{12} Hz の単色放射を放出し所定の方向の放射強度が 1/683 Wsr^{-1} である光源の，その方向における光度.

表 2.2　国際単位系 (SI) の組み立て単位

量	単位	記号	他の SI 単位による表しかた	SI 基本単位による表しかた
周波数	ヘルツ (hertz)	Hz		s^{-1}
電気量，電荷	クーロン (coulomb)	C	As	sA
電圧，電位	ボルト (volt)	V	J/C	$m^2\,kg\,s^{-3}\,A^{-1}$
静電容量	ファラド (farad)	F	C/V	$m^{-2}\,kg^{-1}\,s^4\,A^2$
電気抵抗	オーム (ohm)	Ω	V/A	$m^2\,kg\,s^{-3}\,A^{-2}$
コンダクタンス	ジーメンス (siemens)	S	A/V	$m^{-2}\,kg^{-1}\,s^3\,A^2$
磁束	ウェーバ (weber)	Wb	Vs	$m^2\,kg\,s^{-2}\,A^{-1}$
磁束密度	テスラ (tesla)	T	Wb/m²	$kg\,s^{-2}\,A^{-1}$
インダクタンス	ヘンリー (henry)	H	Wb/A	$m^2\,kg\,s^{-2}\,A^{-2}$
力	ニュートン (newton)	N	J/m	$m\,kg\,s^{-2}$
圧力，応力	パスカル (pascal)	Pa	N/m²	$m^{-1}\,kg\,s^{-2}$
エネルギー，仕事熱量	ジュール (joule)	J	Nm	$m^2\,kg\,s^{-2}$
仕事率，電力	ワット (watt)	W	J/s	$m^2\,kg\,s^{-3}$
光束	ルーメン (lumen)	lm	cd sr	
照度	ルクス (lux)	lx	lm/m²	
放射能	ベクレル (becquerel)	Bq		s^{-1}
吸収線量	グレイ (gray)	Gy	J/kg	$m^2\,s^{-2}$
線量当量	シーベルト (sievert)	Sv	J/kg	$m^2\,s^{-2}$
電界の強さ		V/m		$m\,kg\,s^{-3}\,A^{-1}$
電束密度，電気変位		C/m²		$m^{-2}\,s\,A$
誘電率		F/m		$m^{-3}\,kg^{-1}\,s^4\,A^2$
電流密度		A/m²		
磁界の強さ		A/m		
透磁率		H/m		$m\,kg\,s^{-2}\,A^{-2}$
起磁力，磁位差		A		
面積		m²		
体積		m³		
密度		kg/m³		
速度，速さ		m/s		
加速度		m/s²		
角速度		rad/s		
力のモーメント		Nm		$m^2\,kg\,s^{-2}$
表面張力		N/m		$kg\,s^{-2}$
粘度		Pas		$m^{-1}\,kg\,s^{-1}$
熱流密度，放射照度		W/m²		$kg\,s^{-3}$
熱容量，エントロピー		J/K		$m^2\,kg\,s^{-2}\,K^{-1}$
比熱		$J\,kg^{-1}\,K^{-1}$		$m^2\,s^{-2}\,K^{-1}$
熱伝導率		$W\,m^{-1}\,K^{-1}$		$m\,kg\,s^{-3}\,K^{-1}$
モル濃度		mol/m³		
輝度		cd/m²		
波数		m^{-1}		

2.1 基本単位と組み立て単位

表2.3 10の整数乗倍の接頭語

名称	記号	大きさ	名称	記号	大きさ
エ ク サ (exa)	E	10^{18}	デ シ (deci)	d	10^{-1}
ペ タ (peta)	P	10^{15}	セ ン チ (centi)	c	10^{-2}
テ ラ (tera)	T	10^{12}	ミ リ (milli)	m	10^{-3}
ギ ガ (giga)	G	10^{9}	マイクロ (micro)	μ	10^{-6}
メ ガ (mega)	M	10^{6}	ナ ノ (nano)	n	10^{-9}
キ ロ (kilo)	k	10^{3}	ピ コ (pico)	p	10^{-12}
ヘ ク ト (hecto)	h	10^{2}	フェムト (femto)	f	10^{-15}
デ カ (deca)	da	10	ア ト (atto)	a	10^{-18}

表2.4 国際単位系(SI)以外の実用単位

量	名称	記号	SIによる表現
長さ	オングストローム	Å	0.1 nm
加速度	ガル	Gal	$1\,\text{cm/s}^2=10^{-2}\,\text{m/s}^2$
速度	カイン	kine	$1\,\text{cm/s}=10^{-2}\,\text{m/s}$
力	重量キログラム	kgf	9.80665 N
応力,圧力	バール	bar	$10^5\,\text{Pa}=10^5\,\text{N/m}^2$
	トル	Torr	133.322 Pa
	重量キログラム/cm^2	kgf/cm^2	98066.5 Pa = 0.0980665 MPa
仕事,エネルギー	エルグ	erg	10^{-7} J
	電子ボルト	eV	$1.60217733 \times 10^{-19}$ J
熱量	カロリー	cal	4.18605 J
磁束密度	ガウス	gauss, G	10^{-4} T
磁束	マクスウェル	Mx	10^{-8} Wb
磁界の強さ	エルステッド	Oe	79.57747 A/m

広く用いられている.わが国の計量法もこの国際単位系を基礎としている.

 国際単位系は,長さ(メートル),質量(キログラム),時間(秒),電流(アンペア),温度(ケルビン),物質の量(モル),光度(カンデラ)の7つの基本単位から構成されており,このほか,平面角(ラジアン),立体角(ステラジアン)の2つの補助単位を設けている.表2.1に国際単位系の基本単位を,表2.2に組み立て単位をまとめて示す.また,国際単位系では,各単位の10の整数乗倍を表すため,単位記号の前に表2.3に示した接頭語をつけることが許されている.

 各分野では国際単位系ではない単位系が実用的に用いられる場合もある.これらの単位と国際単位との関係を表2.4に示す.

2.2 測定器の校正とトレーサビリティ体系

われわれが測定を行う場合，用いる測定器の目盛や測定値の表示は何を根拠にしているのであろうか．また，測定器は本当に正しい値を示しているのであろうか．物理量を測定する場合，ある基準量が必要なはずである．では，われわれのまわりにある測定器はどのようにしてその基準量を定めているのであろうか．

測定器のメーカーでは，測定器はその仕様精度よりも高い精度で維持されている実用標準器により**校正** (calibration) される．たとえば，1%の仕様精度の測定器であれば0.1%あるいはそれ以上の高い精度が保証されている標準器により校正されている．

では，その実用標準器はどのようにして校正されるのであろうか．わが国では，計量法にもとづき認定された事業者が持つ特定2次標準器によって校正され，実用標準器に校正証明書が付与される．それでは，認定事業者の標準器は何によって校正されるのであろうか．それは，日本電気計器検定所や日本品質保証機構などの指定校正機関が維持している特定副標準器，さらに，産業技術総合研究所が維持している特定標準器により校正される．このように，手元にある測定器がどういう経路で校正されたかがわかり，その経路がきちんと国家標準までた

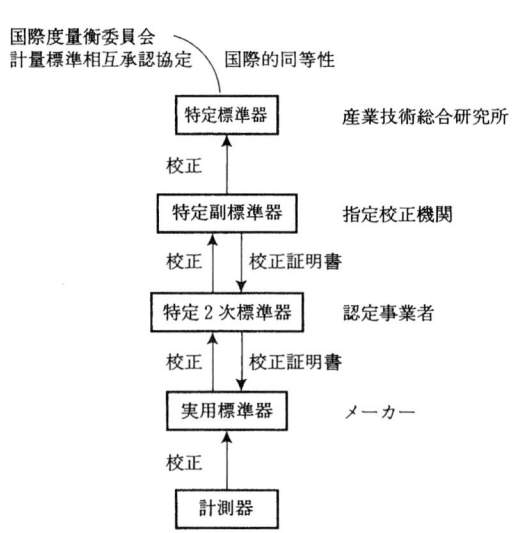

図 2.1 わが国のトレーサビリティ体系

どれる体系を**トレーサビリティ体系**(traceability system)といい,計量法の計量標準供給制度により定められている.図2.1にわが国のトレーサビリティ体系を示す.

わが国の国家標準が他の国のものと同等であるかどうかは,科学技術や工業製品の輸出入を考えるうえで重要である.これについては国際度量衡委員会の計量標準相互承認協定があり,計量標準の国際的な同等性が維持されている.

3. センサ

 センサ (sensor) とは測定対象である物理量を電気量に変換する素子のことをいい，**トランスジューサ** (transducer) とも呼ばれる．

 センサには多くの種類があり，新しい機能や形状のものが次々と開発されている．これら個々のセンサの機能やその応用については他書にゆずり，本書では，センサの基本原理に立ち返り，センサによってなぜ物理量の検出が可能なのかを考えていくことにする．

 センサを体系的に理解するには，たとえば，温度センサ，加速度センサ，光センサ，などのように測定物理量によって分類する実用的な方法もあるが，ここでは，センサの原理によって，インピーダンス変化型センサと起電力型センサとに分類し，それらについて考えていくことにする．

3.1 インピーダンス変化型センサ

 素子の抵抗やインダクタンスなどの定数は，温度や圧力などの物理量により変化し，これらの現象を利用してセンサを実現することができる．本節ではそのようなタイプのセンサの原理について考える．なお，インピーダンスの測定法については 6.5 で述べる．

3.1.1 抵抗変化型センサ

物体の抵抗値は次の式で表される．

$$R = \rho \frac{l}{S} \tag{3.1}$$

ここで，ρ は物体の抵抗率，l は長さ，S は断面積である．したがって，ρ, l, S のうちのどれかが，測定しようとする物理量により変化するとすれば，この物体

の抵抗値 R はその物理量によって変化し，センサとして用いることができる．

a. ひずみセンサ　いま，図3.1のような抵抗線を考えよう．この抵抗線を引っ張ると，その長さは伸び，断面積は小さくなるため，抵抗値は大きくなる．そのときの抵抗値は

$$R + \Delta R = \rho \frac{l + \Delta l}{S - \Delta S}$$

であり，その増分は，伸びがもとの長さに比べ十分小さいとすれば

$$\Delta R = \rho \frac{l + \Delta l}{S - \Delta S} - \rho \frac{l}{S} = R \frac{\frac{\Delta l}{l} + \frac{\Delta S}{S}}{1 - \frac{\Delta S}{S}} \simeq R \left(\frac{\Delta l}{l} + \frac{\Delta S}{S} \right)$$

である．ここで，抵抗線を引っ張ることによりその体積が変化しないとすれば

$$\frac{\Delta S}{S} \simeq \frac{\Delta l}{l}$$

であり，

$$\frac{\Delta R}{R} \simeq 2 \frac{\Delta l}{l} \tag{3.2}$$

となる．すなわち抵抗値の変化率は，抵抗線のひずみに比例することになる．このような原理のひずみセンサは**抵抗線ひずみゲージ**，あるいは**ストレインゲージ**(strain gauge)と呼ばれ，物体の変形の測定に広く用いられている．実際の抵抗

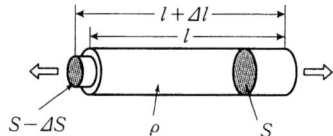

図 3.1　抵抗線の伸びと抵抗値の変化
抵抗線が伸びると断面積は小さくなる．それによって抵抗値は大きくなる．

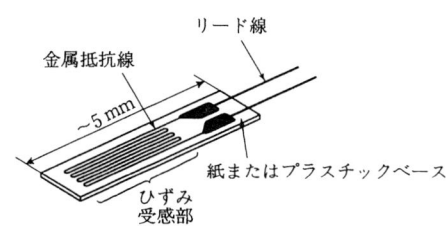

図 3.2　抵抗線ひずみゲージの構造

線ひずみゲージは図3.2のように紙やプラスチックのベースに抵抗線が取り付けられた構造になっており，これを測定対象の物体に貼り付けて使用される．

b. 温度センサ 抵抗線の温度を変化させると，熱膨張により抵抗線の寸法が変化するとともに，抵抗線そのものの抵抗率が温度によって変化するため，温度センサとして使える可能性がある．金属の熱による線膨張率は10^{-6}のオーダであるのに対して，抵抗率の変化率は10^{-3}のオーダであるため，温度変化による抵抗値の変化は抵抗率の変化に支配されることになる．一般に抵抗値の変化は温度変化にほぼ比例し

$$R(T) \simeq R_0[1 + \beta(T - T_0)] \tag{3.3}$$

のように表される．ここでR_0は温度T_0のときの抵抗値である．βは温度係数と呼ばれ，一般の金属では$3 \sim 7 \times 10^{-3}$の正の値をとる．すなわち，100℃の温度上昇に対して抵抗値は1.3～1.7倍になる．このように，抵抗線は温度センサとして用いることができる*．実際の温度センサには温度に対して安定な白金やタングステンなどの金属が用いられる．また，これらの金属の薄膜も温度センサとして用いられる．

半導体の抵抗率も温度によって変化するため，半導体も温度センサとして用いることができる．一般に半導体の抵抗値は温度の関数であり，

$$R = R_0 e^{-B\left(\frac{1}{T_0} - \frac{1}{T}\right)} \tag{3.4}$$

と表される．ここでR_0は温度T_0のときの抵抗値である．すなわち，金属の場合とは逆に，温度が上昇すると抵抗値は小さくなる．その変化率は大きく，100℃の温度上昇に対して抵抗値が1～2桁小さくなる．半導体を用いた温度センサは**サーミスタ** (thermistor) と呼ばれる．

c. 可変抵抗器 (3.1)式のlの値を変化させる手段として，抵抗線の途中に接点を設け，その位置を変化させる方法がある．このような素子は**可変抵抗器** (variable resistor) と呼ばれ，図3.3のように位置や角度のセンサとして用いることができる．

---

* 抵抗線が温度センサになるということは，抵抗線ひずみゲージによるひずみ測定も温度の影響を受けることを意味している．逆に温度センサにひずみが加わると，それが温度測定の誤差の要因になる．また，抵抗値の測定のために抵抗に電流を流すと自己発熱により抵抗値が大きくなる．このように，ある素子がセンサになるということは，その素子の値が環境の影響を受けるという，計測にとって重要な意味を持っている．

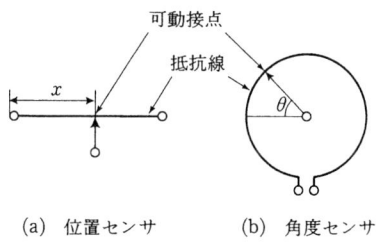

(a) 位置センサ　　(b) 角度センサ

図 3.3　可変抵抗器を用いたセンサ

d. 抵抗変化型センサの応用　　抵抗線を用いてひずみセンサや温度センサを実現できることがわかった．また，これら以外でも，抵抗が変化するような物質の物性や素子の物理的性質を利用すれば，いろいろなセンサを実現できることがわかるであろう．いったんこれらのセンサの原理が理解できれば，今度はこれらを用いていろいろな物理量を計測するためのセンサをさらに考え出すことができる．図 3.4 にそれらの例を示す．

☼ **感じないセンサ**

　本文で述べたように，抵抗線は，ひずみセンサにも温度センサにもなる．しかし，どちらが変化しても，それは抵抗値の変化として現れるため区別がつかず，ひずみ測定のときは温度が，温度測定のときはひずみが誤差要因になる．振動センサなどの場合も，縦方向の振動を検出するセンサが横振動に対して感度を有すると，それが誤差になってしまう．センサは特定の物理量に対して感度を有することを利用するわけであるが，このようにそれ以外の物理量に対してもなにがしかの感度を有することが一般的である．このため，センサを開発したり用いたりする際には，測定しようとする物理量以外のものに感度を有しないように工夫することが重要である．良いセンサは，対象とする物理量以外は感じないセンサである．

3.1.2　インダクタンス変化型センサ

インダクタンスの例として，図 3.5 に示すようなソレノイドコイルを考えよう．そのインダクタンスは

$$L = K\mu\pi a^2 \frac{N^2}{l} \tag{3.5}$$

で与えられる．ここで，K はコイルの幾何学的形状できまる定数，μ はコイルを巻いている材料の透磁率，a はコイルの半径，N はコイルの巻数，l はコイル長である．したがって，これらの定数を何らかの物理量によって変化させることができればセンサとして用いることができる．たとえば，図 3.6 のように磁性材

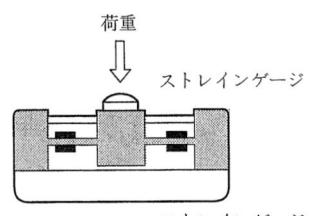
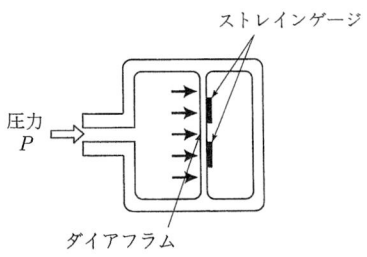

(a) ストレインゲージを用いた荷重計．荷重を金属の"はり"のひずみに変換し，それをストレインゲージで検出する．複数のストレインゲージを用いているのは，測定精度向上のためと温度補償のためである（温度補償については 6.5.5 を参照）．

(b) 圧力計．密閉された空間の圧力と外気圧との差をダイアフラムと呼ばれる金属の薄板の変形に置き換え，それをストレインゲージで検出する．

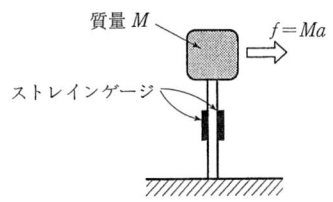
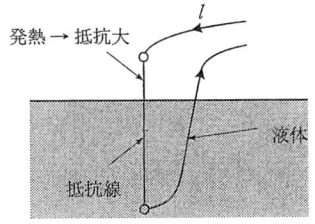

(c) 加速度計．加速度を質量により力に変換し，それをはりのひずみとして検出する．

(d) 液面計．抵抗線に電流を流し発熱させる．流体中の方が空気中よりも放熱しやすいことを利用し，抵抗値の減少により液面の上昇を検出する．

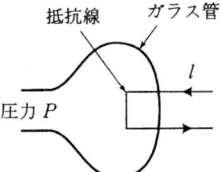
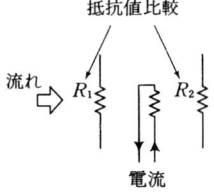

(e) 真空計．放熱度が真空度に依存することを利用し，発熱させた抵抗線の抵抗を検出する．

(f) 流速計．中央の抵抗に電流を流して発熱させ，流体（水，空気など）の流れによる，左右の抵抗の温度差を抵抗値の差として検出する．このほか，発熱させた抵抗の抵抗値を直接測ることによっても流速を検出することができる．

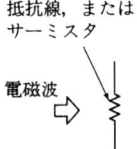

(g) 電磁波電力計．抵抗に入射した電磁波による発熱を抵抗値の変化として検出する．

図 3.4　抵抗変化型センサを応用した各種センサ

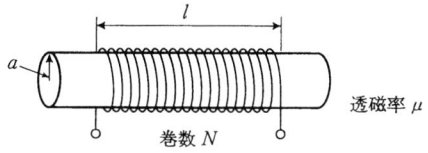

図 3.5 ソレノイドコイル

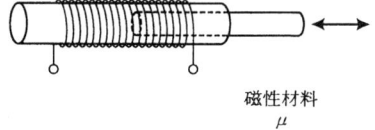

図 3.6 ソレノイドコイルによる位置センサ

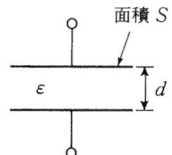

図 3.7 平行平板コンデンサ

料を中空のコイルに出し入れすることにより，透磁率を部分的に変えることができ，磁性材料の変位をインダクタンスの変化として検出することができる．ここではソレノイドコイルを一例として示したが，磁気回路の構造を工夫することなどにより，いろいろなセンサを実現することができる．

3.1.3 容量変化型センサ

図 3.7 に示す平行平板コンデンサの静電容量は，次式で与えられる．

$$C = \frac{\varepsilon S}{d} \tag{3.6}$$

ここで，ε は電極間にある絶縁物の誘電率，d は電極間隔，S は電極面積である．したがって，これらの定数を変化させることにより，いろいろなセンサを実現することができる．図 3.8 にこれらの例を示す．容量変化型センサはシリコンの微細加工技術を駆使してつくられるマイクロセンサとしてよく用いられる．

3.1.4 伝達インピーダンス変化型センサ

図 3.9 に示すように，2 つの端子対を持つ回路を考える．端子対 1-1′ に電流 $\dot{I}_1$ を流したときに，端子対 2-2′ に現れる電圧を $\dot{V}_2$ とすると，

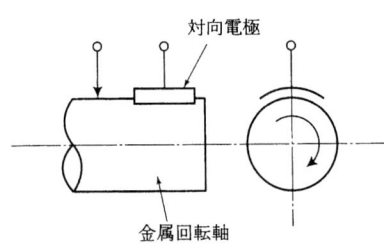
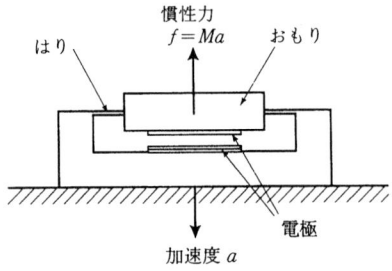

(a) 偏芯センサ．回転軸のぶれを対向電極との間隔の変化として検出する．

(b) 加速度センサ．はりで支えられたおもりの慣性力による変位を電極の間隔の変化として検出する．

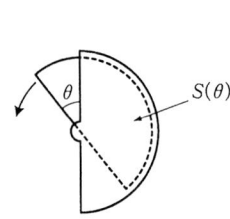
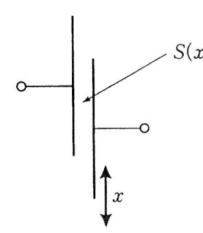
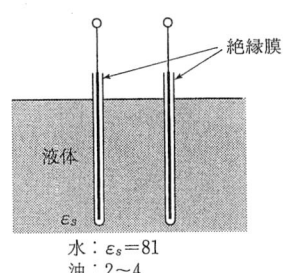

(c) 角度センサ．軸を回転させることによりコンデンサを形成する電極の面積を変化させる．

(d) 変位センサ．電極を平行移動させることによりコンデンサを形成する電極面積を変化させる．

(e) 液面センサ．液体と空気の誘電率の差を利用して，静電容量から液面の位置を検出する．

図 3.8 容量変化型センサの例

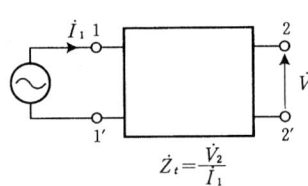

図 3.9 伝達インピーダンス

$$\dot{Z}_t = \frac{\dot{V}_2}{\dot{I}_1} \tag{3.7}$$

を**伝達インピーダンス**という．このように，ある端子に電圧を印加したり，電流を流しておくと，別の端子の電圧が物理量により変化するタイプのセンサも多い．ここでは，そのようなセンサを伝達インピーダンス変化型センサと呼び，いくつかの例についてその原理を考えてみよう．

a. 相互インダクタンス変化型センサ

図3.10のように2つのコイルがあり，そこに流れる電流と鎖交磁束をそれぞれ $\dot{I}_1, \dot{I}_2, \dot{\Phi}_1, \dot{\Phi}_2$ とすると

$$\dot{\Phi}_1 = L_1 \dot{I}_1 + M \dot{I}_2$$
$$\dot{\Phi}_2 = M \dot{I}_1 + L_2 \dot{I}_2 \tag{3.8}$$

であり，L_1, L_2 はコイル1, 2の(自己)インダクタンス，M はコイル間の相互インダクタンスである．ここで $j\omega M$ が伝達インピーダンスである．したがって相互インダクタンス M を物理量によって変化させることができれば，このコイル対は伝達インピーダンス型センサとなる．

図3.11(a)は相互インダクタンス変化型の変位センサの例，図(b)はその等価回路である．ここでは2つのコイルの間に磁性体があり，それが移動することに

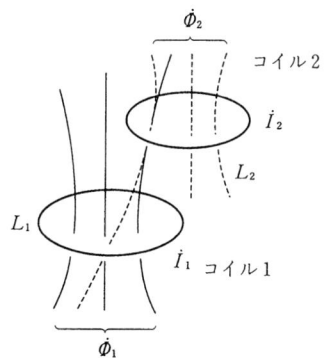

図3.10 2つのコイルに流れる電流と，それによる鎖交磁束

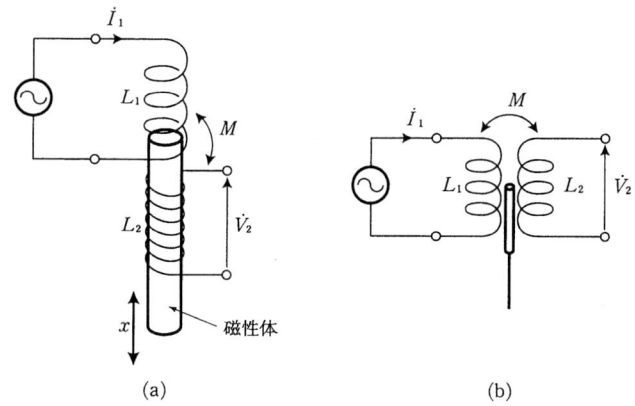

図3.11 (a) 相互インダクタンス変化型変位センサと(b) その等価回路
磁性体が移動することにより相互インダクタンスが変化する．

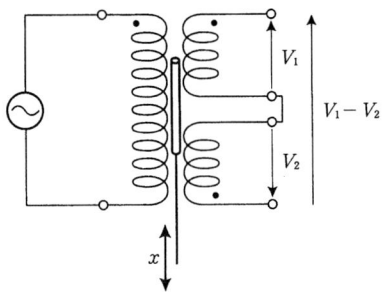

図 3.12 差動トランス
1次側コイルに交流電圧を印加し、2次側の2つのコイルの誘起電圧の差を検出する.

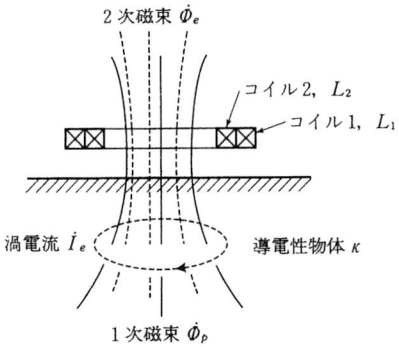

図 3.13 誘導電流を利用した金属センサ
電磁誘導により導電性物体内に発生した渦電流が、もとの磁束と90°位相の異なる磁束を発生することを利用する.

よって相互インダクタンス M が変化する。コイル2には

$$\dot{V_2} = j\omega M \dot{I_1}$$

なる電圧が生ずるから、これによって M の変化すなわち磁性体の位置の変化を検出することができる。図3.12はこれを改良したもので、2次側が2つのコイルからなっている。この2つのコイルの形状を同じくし、巻線を巻く方向だけを逆にしておけば、磁性体が対称の位置にある場合には、それぞれに生ずる電圧は互いに打ち消し合ってゼロとなり、対称の位置からずれると電圧が生ずるようになる。このようなセンサは**差動トランス** (differential transformer) と呼ばれ、高精度の変位測定に用いられている。

図3.13は金属探知機、非接触距離計などに用いられているセンサの例である。これは2つの同心円状のコイルを導電性物体に近接させ、その物体の導電率や、

物体までの距離を検出しようとするものである．いま，コイル1に電流 I_1 を流したとすると，それにより生ずる磁束（これを1次磁束と呼ぶ）$\dot{\Phi}_p$ は (3.8) 式より

$$\dot{\Phi}_p = L_1 \dot{I}_1$$

である．この磁束中に導電性物体が存在すると，その磁束の時間変化に対応した起電力と，物体の導電率 κ とに比例する**渦電流** (eddy current) $\dot{I}_e$ が導電性物体中を流れる．すなわち，

$$\dot{I}_e \propto -\kappa \frac{d\dot{\Phi}_p}{dt} = -j\omega\kappa\dot{\Phi}_p$$

である．この渦電流によって別の磁束（これを2次磁束と呼ぶ）$\dot{\Phi}_e$ が発生する．この2次磁束は渦電流に比例し，

$$\dot{\Phi}_e \propto -j\omega\kappa\dot{\Phi}_p \propto -j\omega\kappa L_1 \dot{I}_1$$

である．したがって，1次磁束と2次磁束がコイル2に鎖交する度合いをそれぞれ k_1, k_2 とすれば，電流 $\dot{I}_1$ によってコイル2に鎖交する磁束は

$$\begin{aligned} M\dot{I}_1 &= k_1 L_1 \dot{I}_1 - k_2 j\omega\kappa L_1 \dot{I}_1 = M' \dot{I}_1 - j\omega M'' \dot{I}_1 \\ &\therefore \quad M = M' - j\omega M'' \end{aligned} \quad (3.9)$$

となる．ここで，M' はコイル1とコイル2の幾何学的形状と位置関係できまる相互インダクタンスである．また，M'' は

$$M'' = k_2 \kappa L_1$$

である．したがって，コイル2に誘起される電圧 $\dot{V}_2$ は

$$\dot{V}_2 = j\omega M \dot{I}_1 = j\omega M' \dot{I}_1 + \omega^2 M'' \dot{I}_1 \quad (3.10)$$

となる．すなわち，コイル2には位相が90°異なる2種類の電圧が生じ，$\dot{I}_1$ と同相の成分（第2項）が，物体の導電率 κ や物体との距離に関係した量 k_2 に比例したものとなる．したがって，$\dot{I}_1$ と同相の電圧を検出することにより，金属の探知，物体の導電率の測定，物質中に含まれる水分の測定，金属との距離の測定，などを行うことができる．本方法によれば，物体と非接触でこれらの量を測定することができる．

b. ホール素子　図3.14に示すように，磁界中におかれた半導体に電流を流すと，半導体中の荷電粒子は，運動方向に直角のローレンツ力を受け，側方に偏ることになる．これによって，電流電極と直角におかれた電極間に，磁界と電流に比例した電圧が現れる．この現象を**ホール効果** (Hall effect)，このような素

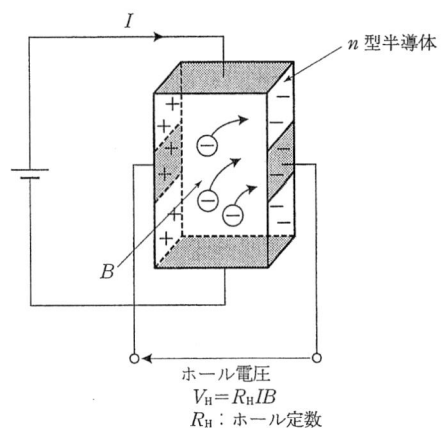

図 3.14 ホール効果
磁界中におかれた半導体中の荷電粒子がローレンツ力を受けることにより荷電粒子が偏り，それによって側方の電極に電圧が現れる．その電圧は電流と磁束密度に比例する．

子を**ホール素子**(Hall device) という．ホール素子は磁気センサとして用いることができる．

3.2 起電力型センサ

前節では素子の定数の変化を利用したセンサについて考えてきた．一方，起電力をともなう現象が多数知られており，これらを利用してもセンサを実現することができる．本節では，起電力をともなう現象として，電磁誘導，熱起電力，焦電効果，圧電効果をとりあげ，それらを利用したセンサの原理について考える．

3.2.1 電磁誘導型センサ

図 3.15 (a) に示すようにコイルがあり，その鎖交磁束 $\varPhi$ が時間的に変化するとき，電磁誘導により

$$e = -\frac{d\varPhi}{dt} \tag{3.11}$$

なる起電力が生ずる．また，図 3.15 (b) に示すように，磁束密度が B の磁界中を長さ l の導体棒が速度 v で移動するとき，棒の両端には

$$e = Blv \tag{3.12}$$

の起電力が電磁誘導により発生する．これらの現象を利用してセンサを実現することができる．

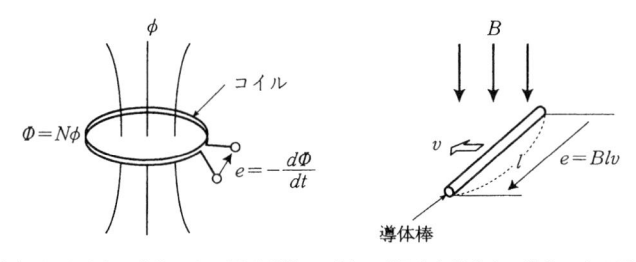

(a) 鎖交磁束の変化による電磁誘導 (b) 磁界中を移動する導体による電磁誘導

図 3.15 電磁誘導

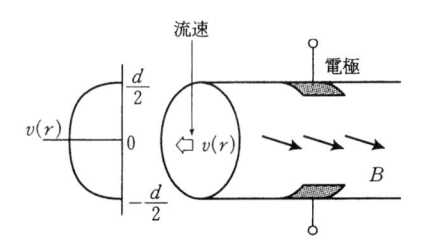

図 3.16 電磁流量計

a. 電磁流量計　図 3.16 に示すように，パイプ中に導電性の流体が流れている状態を考える．もしこのパイプに，図に示す方向に磁束密度 B なる磁界が加えられているとすると，上下に設けられた電極に (3.12) 式に相当する起電力が生ずることになる．実際には管内の流速は半径方向に一様ではないのでそれを $v(r)$ として，微小区間 dr の起電力を考えれば

$$de = Bv(r)dr$$

である．これを積分すると

$$e = B\int_{-d/2}^{d/2} v(r)dr = Bd\overline{v(r)} \tag{3.13}$$

となる．ここで $\overline{v(r)}$ は管内の平均流速，d はパイプの直径である．したがって，パイプを流れる流量 Q は

$$Q = S\overline{v(r)} = \frac{\pi d}{4B}e \tag{3.14}$$

となり，起電力 e を測定することにより，管内の流量を知ることができることがわかる．このような機器を**電磁流量計** (electromagnetic flow meter) という．

b. 磁気ヘッド　図 3.17 はハードディスクなどの磁気記録装置に用いられ

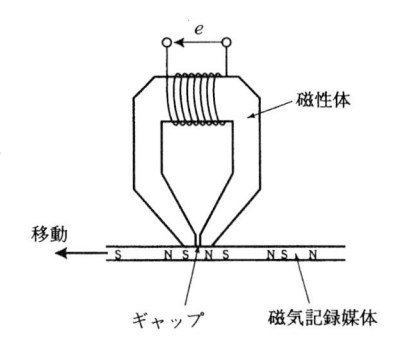

図 3.17 磁気ヘッド

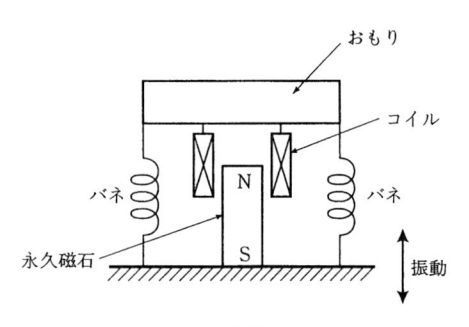

図 3.18 振動センサ

ている磁気ヘッドの原理図である．高透磁率材料でつくられている磁気回路にコイルが巻いてあり，また一部に狭いギャップが設けられている．このギャップ近傍を，磁化された記録媒体が移動すると，磁気回路に巻かれたコイルに鎖交する磁束が変化する．これによって(3.11)式に対応した電圧がコイルに発生し，記録媒体の磁化に対応した信号を得ることができる．

c. 振動センサ　　図 3.18 は電磁誘導を利用した振動センサの例である．バネによって支えられたおもりにコイルが取り付けられており，そこに磁石が挿入されている．振動によっておもりが運動するとコイルと磁石の位置関係の変化により，コイルに鎖交する磁束が変化し，コイルに(3.11)式に対応した誘導電圧が発生する．本センサでは，運動するものがコイルであっても磁石であってもよく，どちらのタイプのセンサも用いられている．

3.2.2 熱起電力型センサ

異なった種類の金属を接触させると**接触電位差** (contact potential difference)

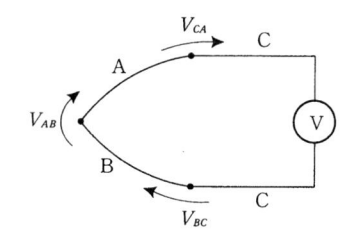

図 3.19 異種金属の接触による接触電位

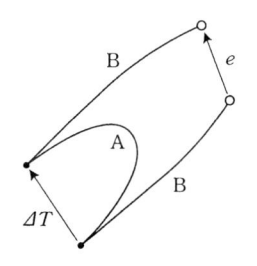

図 3.20 熱電対と熱起電力
熱電対は2つの接点間の温度差に比例した熱起電力を発生する.

が生じ,それは温度の関数である.しかし,図 3.19 のように,金属 A と金属 B 間の接触電位差 V_{AB} を測定しようとして,金属 C を用いて電圧計を接続すると,各々の接点に V_{BC}, V_{CA} という接触電位差が生じ,

$$V_{BC} + V_{AB} + V_{CA} = 0 \tag{3.15}$$

であるため,通常の手段ではこの電位差は測定できない.しかし,各々の接点の温度が異なると (3.15) 式は成立しなくなり電圧が観測される.そこで,図 3.20 のように A, B, 2種の金属を用いて2つの接点を形成し,それらに温度差を与えると,その温度差に対応した電圧が金属端に現れる.この現象を**ゼーベック効果** (Seebec effect) といい,この起電力を**熱起電力** (thermoelectromotive force) という.したがって,片方の接点の温度が既知であれば,もう片方の接点の温度を熱起電力から知ることができる.このような2種の金属からなる温度センサを**熱電対** (thermocouple) という.熱起電力は 100℃の温度差で数 mV である.熱電対は原理や構造が単純であることから広く用いられている*.

---

* 計測のための回路を構成するとき,異なった金属の接触は常に起こりうる.このため,各接点の温度が等しくないと,それは直流的な雑音になり,とくに,微小な直流電圧の測定の際問題となる.熱起電力の対策については 5.6.1 で述べる.

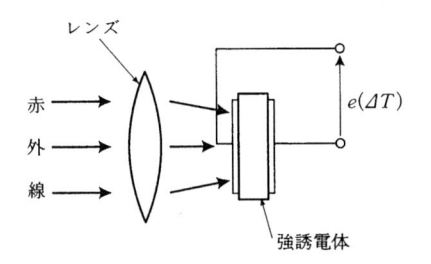

図 3.21 パイロ効果による赤外線センサ
赤外線により強誘電体素子の温度がわずかに上昇し,それによって電荷が現れる.

3.2.3 パイロセンサ

温度変化を与えると電荷を発生する材料がある.このような現象を**焦電効果**(**パイロ効果**, pyroelectric effect)という.焦電効果を有する材料の多くはPb(Zr, Ti)O_3やBaTiO_3などの**強誘電体**(ferroelectric material)である.図3.21は焦電効果を利用した赤外線センサの例である.強誘電体に赤外線が照射されるとその温度はわずかに上昇し,焦電効果により電極に電位が現れる.これによって赤外線を検知することができる.焦電効果を用いたセンサは高感度であること,構造が単純で安価であることなどから,感人センサなどに広く用いられている.

3.2.4 圧電センサ

温度変化の場合と同様に,ひずみを与えると電荷を発生する材料がある.そのような材料のうち,圧縮のひずみと引っ張りのひずみで逆の極性の電荷を発生する材料を**圧電材料**(piezoelectric material),そのような現象を**圧電効果**(piezoelectric effect)という.圧電材料にはPb(Zr, Ti)O_3やBaTiO_3などの強誘電体のほか,水晶,ZnOなどがある.圧電材料に電界を印加すると,逆に,ひずみを発生する.このため,圧電材料は弾性波の発生と検出に用いることができる.

図3.22は圧電材料を用いた加速度センサの例である.本センサでは圧電材料がおもりによって挟まれている.圧電材料に垂直の加速度が加わると,加速度はおもりによって圧縮あるいは引っ張りの力に変換され,それが圧電材料のひずみとなる.このひずみにより発生した電圧を測定すれば,加速度に対応した信号を得ることができる.

図3.23は圧電素子による超音波の発生と検出の例である.圧電素子に交流電

3.2 起電力型センサ

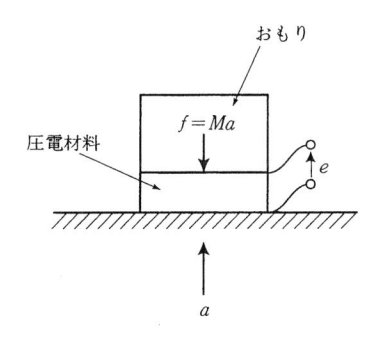

図 3.22 圧電加速度センサ
加速度により圧電材料に力が加わり，それによって電圧が生ずる．

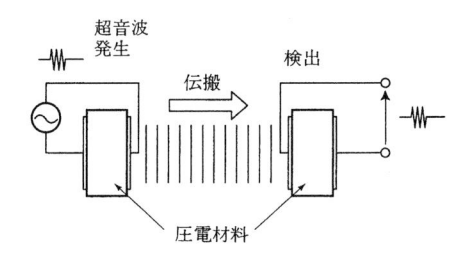

図 3.23 圧電素子による超音波の発生と検出

圧を印加すると，それにともない圧電材料が周期的に変形し，伝搬媒質中に超音波を放射する．一方，同じ圧電素子に超音波を照射すると，それにともない圧電材料に微小ひずみが生じ，超音波信号に対応した電気信号が得られる．超音波の発生と検出には，送受波感度を高めるために，圧電材料の共振現象が利用されることが多い．

4. 信 号 源

　計測では計測対象の性質をよく知ることが重要である．しかし，センサの出力端子のような2端子間の電圧を測定しようとする場合，いったい何がわかれば計測対象の性質を知ったことになるのであろうか．同じ10Vでも，静電気のように小さな静電容量に電荷が充電されているような場合と，電流の流れている抵抗の場合と，電池のような場合では信号源としてのふるまいはまったく異なることは直感的にわかるであろう．本章では，計測対象としての信号源をどのように考えたらよいかを考えてみる．

4.1 理 想 電 源

　電圧が端子条件によらない電源を(**理想**)**電圧源**といい，図4.1(a)のように表す．電源電圧 V は時間の関数であっても一定であってもかまわない．とくに，電圧が時間にかかわらず一定(直流)の場合は(b)のように表す．電圧がゼロの電圧源は端子条件にかかわらず端子電圧がゼロであるから"短絡"を表す．図4.2のように電圧源 V に負荷抵抗 R_L を接続した場合を考えると，定義により R_L にかかわらず負荷電圧 V_L は $V_L=V$ であるから，$R_L=0$ の場合も $V_L=V$

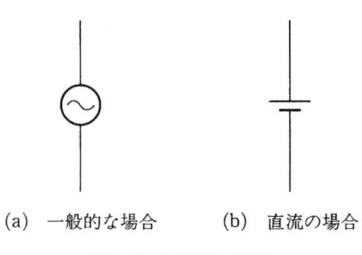

(a) 一般的な場合　　(b) 直流の場合

図 4.1　電圧源の記号

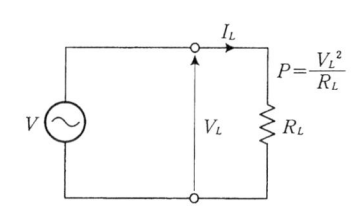

図 4.2 負荷 R_L が接続された電圧源 R_L が 0 の場合無限大のエネルギーが負荷に消費される．

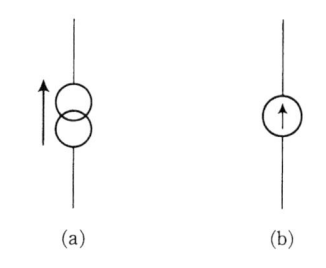

図 4.3 電流源の記号
(a) または (b) の記号が用いられる．

(有限) でなければならず，そのためには $I_L=\infty$ でなければならない．一方，R_L に消費される電力は $I_L^2 R_L$ であるから，結局，電圧源からは無限の電力が取り出せることになる．このように理想電圧源を実現するためには無限のエネルギーを必要とし，このような電源は現実には存在しないことがわかる．

電圧源と同様に**(理想)電流源**を定義することができる．電流源とは端子電流が端子条件によらない電源であり，図 4.3(a) あるいは (b) のように表す．電流がゼロの電流源は，端子に何を接続しても電流がゼロでなければならないから"解放"を表すことになる．電流源の端子が解放，すなわち $R_L=\infty$ の場合電圧が無限大となるから，電流源も現実に存在しない電源であることがわかる．

4.2 電源の等価回路と信号源インピーダンス

4.2.1 鳳-テブナンの定理と電源の等価回路

いかなる電源も，図 4.4(a) の等価回路に示すように，理想電圧源とそれに直列の電源インピーダンスによって表すことができる．これはまた (b) の等価回路のように理想電流源とそれに並列の電源インピーダンスによっても表すことができる．いま，電源が線形の場合，電源の**開放電圧**を $\dot{V}_\infty$，**短絡電流**を $\dot{I}_s$ とすれば，**電源インピーダンス** $\dot{Z}_0$ は，

$$\dot{Z}_0 = \frac{\dot{V}_\infty}{\dot{I}_s} \qquad (4.1)$$

と表される．これを**鳳-テブナンの定理**という．電源インピーダンス $\dot{Z}_0$ は，電源電圧あるいは電源電流をゼロにした場合の出力端子からみたインピーダンスに等しい．電源インピーダンスは電源の内部インピーダンスと呼ばれることもある．

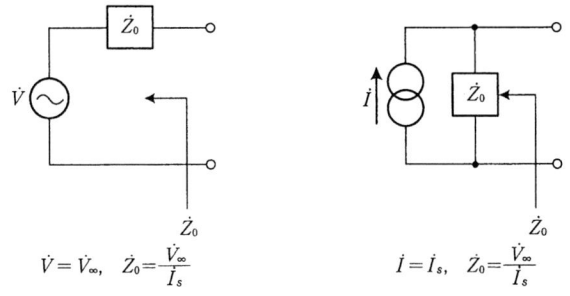

(a) 電圧源を用いた等価回路　　$\dot{V} = \dot{V}_\infty, \quad \dot{Z}_0 = \dfrac{\dot{V}_\infty}{\dot{I}_s}$

(b) 電流源を用いた等価回路　　$\dot{I} = \dot{I}_s, \quad \dot{Z}_0 = \dfrac{\dot{V}_\infty}{\dot{I}_s}$

図 4.4　電源の等価回路
いかなる電源も理想電源と電源インピーダンスで表すことができる.

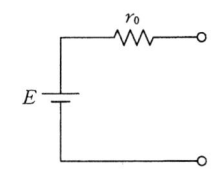

図 4.5　電池の等価回路
r_0 が小さいほど理想電圧源に近づく. 熱電対も同じ等価回路で表される. この場合 E が温度の関数となる.

　理想電圧源は電源インピーダンスがゼロの電源であり，理想電流源は電源インピーダンスが無限大の電源である．したがって，電源インピーダンスが負荷に比べて小さい場合，その電源は電圧源的にふるまい，電源インピーダンスが大きい場合，電流源的にふるまう．

　計測における信号源は一種の電源とみなすことができる．したがって，その等価回路は同様に理想電源と電源インピーダンスで表すことができる．このとき電源インピーダンスは**信号源インピーダンス**とも呼ばれる．それでは，計測においてよくみられる信号源の等価回路を次に考えてみよう．

　電池：　電池の等価回路は図 4.5 のように，理想電圧源と内部抵抗の直列で表される．内部抵抗が小さいほど電池は理想電圧源に近くなる．内部抵抗は電池の性能を表すのに用いられる．たとえば，電池を並列に接続した場合，電圧は一定であるが内部抵抗は小さくなり，理想電圧源に近づく．

　熱電対：　熱電対の等価回路も図 4.5 のようになり，電源電圧が温度と対応している．信号源インピーダンスは熱電対そのものの抵抗であり，値は数 Ω であ

(a) 抵抗ブリッジ回路 　　　　　(b) 等価回路

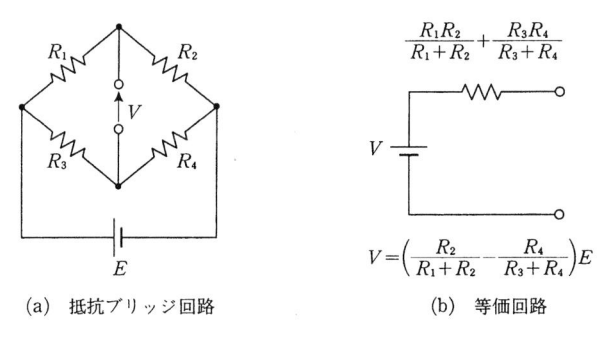

図 4.6　抵抗ブリッジとその等価回路

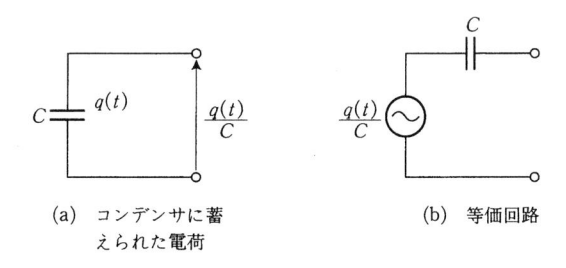

(a) コンデンサに蓄えられた電荷　　　(b) 等価回路

図 4.7　電荷源とその等価回路

る．

抵抗ブリッジ：　荷重計（ロードセル）や圧力ゲージは抵抗線ひずみゲージ（ストレインゲージ）を図 4.6 (a) のようにブリッジ接続したものである．計測ではこのように，抵抗をブリッジ接続したものが信号源としてよく用いられる．この等価回路は (b) に示すとおりであり，信号源抵抗 r_0 および信号電圧 V は図中に示した値となる．

電荷源：　帯電電荷の測定や圧電素子を用いた測定では，信号源は図 4.7 (a) のようにコンデンサに信号電荷が充電されているものと考えることができる．この場合，等価回路は図 4.7 (b) のようになり，信号源インピーダンスは容量 C，電源電圧は開放電圧に等しく $q(t)/C$ となる．

4.2.2　信号源インピーダンスの持つ意味

a. 誘導雑音と信号源インピーダンス　　いま，複数の電源が図 4.8 のように並列に接続されているものとする．各々の電源の電圧およびアドミタンスを $\dot{V}_1 \dot{Y}_1, \dot{V}_2 \dot{Y}_2, \cdots$ とすると，合成された電源の電圧 V は，

$$\dot{V} = \frac{\dot{V_1}\dot{Y_1} + \dot{V_2}\dot{Y_2} + \cdots}{\dot{Y_1} + \dot{Y_2} + \cdots} \tag{4.2}$$

電源アドミタンス $\dot{Y}$ は,

$$\dot{Y} = \dot{Y_1} + \dot{Y_2} + \cdots \tag{4.3}$$

で与えられる.これを**ミルマン**(Millman)**の定理**という.

いま,図4.9のように電圧 $\dot{V_s}$,インピーダンス $\dot{Z_s}$ の信号源に,雑音 $\dot{V_N}$ が**浮遊インピーダンス*** $\dot{Z_N}$ を介して重畳されている場合を考えると,端子電圧 $\dot{V}$ はミルマンの定理から,

$$\dot{V} = \frac{\dfrac{\dot{V_s}}{\dot{Z_s}} + \dfrac{\dot{V_N}}{\dot{Z_N}}}{\dfrac{1}{\dot{Z_s}} + \dfrac{1}{\dot{Z_N}}} = \frac{\dot{Z_N}\dot{V_s} + \dot{Z_s}\dot{V_N}}{\dot{Z_s} + \dot{Z_N}}$$

$$= \frac{\dot{Z_N}}{\dot{Z_s} + \dot{Z_N}}\dot{V_s} + \frac{\dot{Z_s}}{\dot{Z_s} + \dot{Z_N}}\dot{V_N}$$

であり,一般に $\dot{Z_s} \ll \dot{Z_N}$ であるから

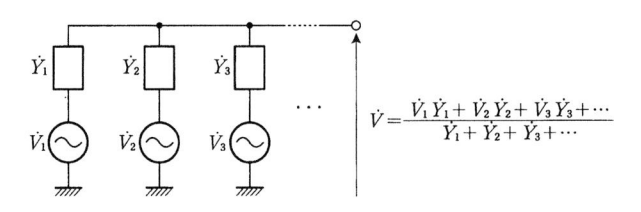

図4.8 ミルマンの定理

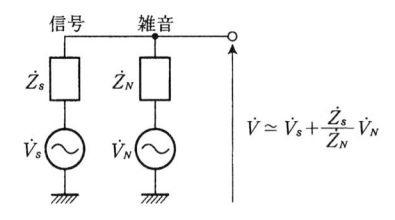

図4.9 雑音が重畳した信号と,ミルマンの定理による解法

---

* **浮遊インピーダンス**(stray impedance)とは人為的に挿入しなくとも自然に現れるインピーダンスをいう.導体間の静電結合により生ずる**浮遊容量**(stray capacity)がその代表的なものである.

$$\dot{V} \simeq \dot{V}_s + \frac{\dot{Z}_s}{\dot{Z}_N}\dot{V}_N \tag{4.4}$$

となる．これから，信号源インピーダンスが小さいほど，端子電圧 V は雑音電圧の影響を受けにくいことがわかる．

b. 信号のエネルギーと信号源インピーダンス　　いま，信号源が図 4.10 のように電圧源による等価回路で表され，信号源インピーダンスが純抵抗 R_0 であるとする．信号源から負荷 R_L に供給される電力 P_L は，

$$P_L = \frac{V_L^2}{R_L} = \frac{1}{R_L}\cdot\left[\frac{R_L}{R_0+R_L}\right]^2\cdot V^2 = \frac{R_L}{(R_0+R_L)^2}\cdot V^2$$

であり，これから

$$\therefore\ \frac{\partial}{\partial R_L}\left[\frac{V^2}{P_L}\right] = \frac{\partial}{\partial R_L}\left[\frac{R_0^2}{R_L}+2R_0+R_L\right] = 1-\frac{R_0^2}{R_L^2}$$

である．したがって，P_L は $R_L=R_0$ のとき最大となり，そのときの電力 P_a は

$$\boxed{P_a = \frac{V^2}{4R_0}} \tag{4.5}$$

となる．P_a を**有能電力** (available power) といい，信号源から取り出せる最大の電力を表す．

(4.5)式からわかるように，信号源から取り出せる最大の電力は信号源抵抗が小さいほど大きい*．

このように信号源インピーダンスは信号源電圧（電流）とともに，信号源を表す重要なパラメータである．

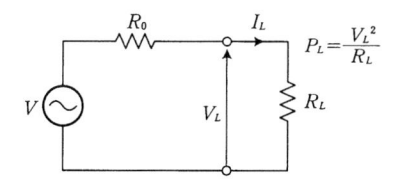

図 4.10　負荷が接続された信号源
$R_L=R_0$ のとき負荷に消費される電力は最大になる．

---

*　信号源を図 4.4(b) の電流源による等価回路で表せば，信号源インピーダンスが大きいほど信号エネルギーは大きいことになる．このことは，一見奇異に感ずるが，図 4.10 の等価回路を電流源による等価回路に変換すると，電源電流は V/R_0 であり，R_0 の関数となるため矛盾はない．

4.3 信 号 波 形

信号波形は信号源の性質をきめるもう一つの重要なパラメータである.たとえば信号が直流なのか,交流なのか,また,パルスのような単発信号なのかによって,測定方法や測定パラメータがまったく異なるからである.したがって,計測にあたっては,計測すべき信号の波形がどのようなものであるかをあらかじめ知っておくとともに,その信号波形の性質について十分理解しておく必要がある.本節では,代表的な信号波形である周期信号と単発信号についてその性質を考える.

4.3.1 周 期 信 号

a. 周期信号と信号パラメータ　　信号波形 $e(t)$ が図 4.11 に示すように,
$$e(t)=e(t+nT) \quad n=0, \pm1, \pm2, \cdots \tag{4.6}$$
なる関係を満たすとき,$e(t)$ を**周期信号**(periodic signal)といい,T を**周期**(period)という.たとえば正弦波 $e(t)=A\sin(2\pi ft+\phi)$ は周期 $1/f$ の周期信号である.

周期信号に関して次のパラメータが用いられる.

■**平均値**(mean value):

$$\frac{1}{T}\int_{-T/2}^{T/2}e(t)dt \tag{4.7}$$

平均値は信号の直流成分を表す.

■**2乗平均値**(mean square value):

$$\frac{1}{T}\int_{-T/2}^{T/2}e^2(t)dt \tag{4.8}$$

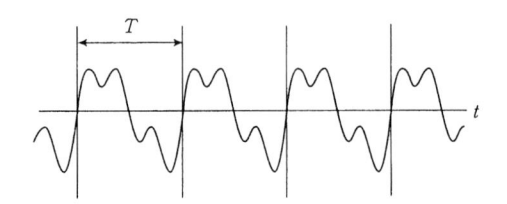

図 4.11 周期波形
周期波形は,まったく同じ波形が繰り返し現れる波形である.

4.3 信号波形

表4.1 各種波形の平均値, 2乗平均値, 実効値

波　形	平　均　値	2乗平均値	実　効　値
正弦波	0	$\dfrac{A^2}{2}$	$\dfrac{A}{\sqrt{2}}$
方形波	0	A^2	A
三角波	0	$\dfrac{A^2}{3}$	$\dfrac{A}{\sqrt{3}}$
のこぎり波	$\dfrac{A}{2}$	$\dfrac{A^2}{3}$	$\dfrac{A}{\sqrt{3}}$
パルス列	$\dfrac{\tau}{T}A$	$\dfrac{\tau}{T}A^2$	$\sqrt{\dfrac{\tau}{T}}A$

2乗平均値は信号に1Ωの抵抗負荷を接続したときに消費される平均電力に等しく，信号電力を表す．

■ **実効値** (root mean square value)

$$\sqrt{\frac{1}{T}\int_{-T/2}^{T/2} e^2(t)dt} \tag{4.9}$$

実効値はRMS値ともいい，信号波と同じ電力を与える直流信号の大きさを表す．たとえば正弦波 $e(t)=A\sin(2\pi ft+\phi)$ の場合は，平均値はゼロ，2乗平均値は $A^2/2$，実効値は $A/\sqrt{2}$ である．これらの値は波形により異なるので注意を要する．表4.1に各種波形の平均値，2乗平均値，実効値を示す．

b. フーリエ級数 $e(t)$ を周期が T の任意の周期信号とし，その平均値が有限確定値を有する場合，$e(t)$ は次のように，周期 $T/n(n=1,2,\cdots)$ の正弦波の級数で表すことができる．これを**フーリエ級数** (Fourier series) という．

$$e(t)=\frac{a_0}{2}+\sum_{n=1}^{\infty}(a_n\cos n\omega t+b_n\sin n\omega t) \tag{4.10}$$

ここで，$\omega = 2\pi/T$ であり，係数 a_n, b_n は次の式で与えられる．

$$\left.\begin{array}{l} a_n = \dfrac{2}{T}\displaystyle\int_{-T/2}^{T/2} e(t)\cos n\omega t\, dt \\[6pt] b_n = \dfrac{2}{T}\displaystyle\int_{-T/2}^{T/2} e(t)\sin n\omega t\, dt \end{array}\right\} \quad (4.11)$$

また，$a_0/2$ は

$$\frac{a_0}{2} = \frac{1}{T}\int_{-T/2}^{T/2} e(t)\, dt \quad (4.12)$$

であり，信号の平均値すなわち直流成分を表している．もとの波形と同じ周期 T を持つ成分を**基本波** (fundamental wave)，T/n の成分を **n 次高調波** (n th harmonics) という[*]．また，高調波の含まれた信号波を**ひずみ波**という．

たとえば，信号が方形波であり，

$$e(t) = \begin{cases} -1 & (-T/2 < t < 0) \\ 1 & (0 < t < T/2) \end{cases} \quad (4.13)$$

と表されるとすると

$$\begin{aligned} a_n &= -\frac{2}{T}\int_{-T/2}^{0}\cos n\omega t\, dt + \frac{2}{T}\int_{0}^{T/2}\cos n\omega t\, dt \\ &= -\frac{2}{T}\left[\frac{\sin n\omega t}{n\omega}\right]_{-T/2}^{0} + \frac{2}{T}\left[\frac{\sin n\omega t}{n\omega}\right]_{0}^{T/2} \\ &= \frac{2}{Tn\omega}[\sin n\pi - \sin n\pi] = 0 \end{aligned} \quad (4.14)$$

$$\begin{aligned} b_n &= -\frac{2}{T}\int_{-T/2}^{0}\sin n\omega t\, dt + \frac{2}{T}\int_{0}^{T/2}\sin n\omega t\, dt \\ &= \frac{2}{T}\left[\frac{\cos n\omega t}{n\omega}\right]_{-T/2}^{0} - \frac{2}{T}\left[\frac{\cos n\omega t}{n\omega}\right]_{0}^{T/2} \\ &= \frac{4}{n\omega T}[1 - \cos n\pi] \\ &= \frac{2}{n\pi}[1 - \cos n\pi] \end{aligned} \quad (4.15)$$

---

[*] ここでは $e(t)$ は周期 T の周期信号としたが，$e(t)$ は $[-T/2, T/2]$ の時間範囲で定義されていれば (4.11) 式を用いて a_n, b_n を求めることができ，周期信号でなくとも (4.10) 式のようにフーリエ級数展開できる．この場合 (4.10) 式で表される $e(t)$ は $[-T/2, T/2]$ の時間範囲では，もとの $e(t)$ と一致するが，それ以外の時間範囲では $[-T/2, T/2]$ の波形の繰り返しとなる．

4.3 信号波形

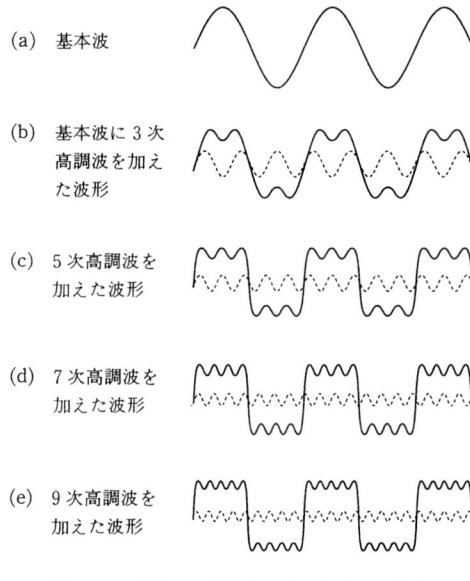

(a) 基本波

(b) 基本波に3次高調波を加えた波形

(c) 5次高調波を加えた波形

(d) 7次高調波を加えた波形

(e) 9次高調波を加えた波形

図 4.12 基本波と高調波による方形波の合成

したがって,

$$e(t) = \frac{4}{\pi}\left[\sin \omega t + \frac{1}{3}\sin 3\omega t + \frac{1}{5}\sin 5\omega t + \cdots\right] \quad (4.16)$$

となる. 図 4.12 に方形波がその基本波成分と周波数がその奇数倍の高調波成分で合成されていく様子を示す. もし信号がひずみのない純粋な正弦波であれば, それは基本波成分のみであり, ひずみが増加するにつれて高調波成分が増加する. また, たとえば, 1 kHz の方形波であっても 3 kHz 以上の成分が検出できなければ観測される波形は正弦波となってしまう.

c. 複素スペクトル いま, (4.10)式で表される任意の信号波があった場合, ある特定の周波数成分がどのくらい含まれているであろうか. (4.10)式によれば, ある特定の周波数成分は振幅 a_n の cos 波と b_n の sin 波の和で表される. cos 波と sin 波は互いに直交するベクトルで表されるから, そのベクトル和は複素数を用いて表すことができる (付録 A 参照).

いま,

$$\cos n\omega t = \frac{e^{jn\omega t} + e^{-jn\omega t}}{2}, \quad \sin n\omega t = \frac{e^{jn\omega t} - e^{-jn\omega t}}{2j} \quad (4.17)$$

なる関係を用いて (4.10) 式を書き直すと，

$$e(t)=\frac{a_0}{2}+\sum_{n=1}^{\infty}(a_n \cos n\omega t + b_n \sin n\omega t)$$

$$=\frac{a_0}{2}+\sum_{n=1}^{\infty}\frac{a_n}{2}(e^{jn\omega t}+e^{-jn\omega t})+\sum_{n=1}^{\infty}\frac{b_n}{2j}(e^{jn\omega t}-e^{-jn\omega t})$$

$$=\frac{a_0}{2}+\frac{1}{2}\sum_{n=1}^{\infty}(a_n-jb_n)e^{jn\omega t}+\frac{1}{2}\sum_{n=1}^{\infty}(a_n+jb_n)e^{-jn\omega t}$$

$$=\frac{a_0}{2}+\frac{1}{2}\sum_{n=1}^{\infty}(a_n-jb_n)e^{jn\omega t}+\frac{1}{2}\sum_{n=-\infty}^{-1}(a_{-n}+jb_{-n})e^{jn\omega t}$$

$$=\sum_{n=-\infty}^{\infty} \dot{C}_n e^{jn\omega t} \qquad (4.18)$$

となる．ここで，$\dot{C}_n$ は複素数であり，

$$\boxed{\dot{C}_n=\begin{cases} \dfrac{a_n-jb_n}{2} & (n=1\sim\infty) \\ \dfrac{a_{-n}+jb_{-n}}{2} & (n=-1\sim-\infty) \end{cases} \qquad C_0=\dfrac{a_0}{2}} \qquad (4.19)$$

である．また，(4.11) 式から

$$\dot{C}_n=\begin{cases} \dfrac{1}{T}\int_{-T/2}^{T/2}e(t)\{\cos n\omega t - \sin n\omega t\}\,dt & (n=1\sim\infty) \\ \dfrac{1}{T}\int_{-T/2}^{T/2}e(t)\{\cos(-n\omega t)+\sin(-n\omega t)\}dt & (n=-1\sim-\infty) \end{cases}$$

$$=\frac{1}{T}\int_{-T/2}^{T/2}e(t)e^{-jn\omega t}dt \qquad (n=\pm 1 \sim \pm\infty)$$

となり，次の変換対を得る．

$$\boxed{\begin{aligned} e(t)&=\sum_{n=-\infty}^{\infty}\dot{C}_n e^{jn\omega t} \\ \dot{C}_n&=\frac{1}{T}\int_{-T/2}^{T/2}e(t)e^{-jn\omega t}dt \\ n&=0,\pm 1, \pm 2, \cdots, \pm\infty \end{aligned}} \qquad (4.20)$$

$\dot{C}_n$ は**複素スペクトル** (complex spectrum) と呼ばれ，信号の各周波数成分の分布を表す．$|\dot{C}_n|$ は**振幅スペクトル** (amplitude spectrum)，$\angle \dot{C}_n$ は**位相スペクトル** (phase spectrum) と呼ばれる．また，$|\dot{C}_n|^2$ は信号の各周波数成分の電力分布

4.3 信号波形

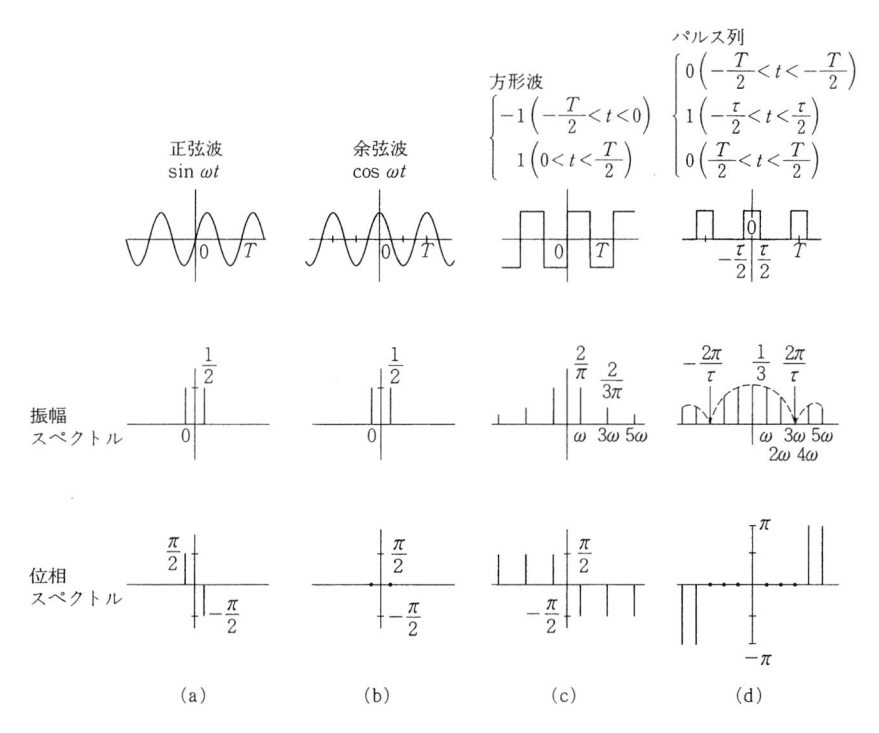

	正弦波 sin ωt	余弦波 cos ωt	方形波 $\begin{cases}-1\left(-\frac{T}{2}<t<0\right)\\1\left(0<t<\frac{T}{2}\right)\end{cases}$	パルス列 $\begin{cases}0\left(-\frac{T}{2}<t<-\frac{\tau}{2}\right)\\1\left(-\frac{\tau}{2}<t<\frac{\tau}{2}\right)\\0\left(\frac{\tau}{2}<t<\frac{T}{2}\right)\end{cases}$
振幅スペクトル				
位相スペクトル				
	(a)	(b)	(c)	(d)

図4.13 いろいろな波形の振幅スペクトルと位相スペクトル

を表し，**パワースペクトル** (power spectrum) と呼ばれる．図4.13に各種波形の振幅スペクトル，位相スペクトルを示す．このように周期波形のスペクトルは**線スペクトル** (line spectrum) となる．単に**周波数スペクトル**といった場合，振幅スペクトルあるいはパワースペクトルを指すことが多いが，ここで注意しなければならないのは，$\dot{C}_n$ は一般に複素数であり，たとえ振幅スペクトルやパワースペクトルが等しくとも位相スペクトルが等しくない限り，波形は同一ではないことである．

周期信号の信号電力 (2乗平均値) を (4.8), (4.20) 式から求めると，

$$\overline{e^2(t)} = \frac{1}{T}\int_{-T/2}^{T/2} e^2(t)dt$$

$$= \frac{1}{T}\int_{-T/2}^{T/2}\left(\sum_{k=-\infty}^{\infty}\dot{C}_k e^{jk\omega t}\right)\left(\sum_{l=-\infty}^{\infty}\dot{C}_l e^{jl\omega t}\right)dt$$

$$= \sum_{k=-\infty}^{\infty}\dot{C}_k \sum_{l=-\infty}^{\infty}\dot{C}_l \frac{1}{T}\int_{-T/2}^{T/2}e^{j(k+l)\omega t}dt$$

ここで，$l=-k$ であれば

$$\frac{1}{T}\int_{-T/2}^{T/2}e^{j(k+l)\omega t}dt=1$$

それ以外ではゼロであるから，

$$\overline{e^2(t)}=\sum_{k=-\infty}^{\infty}\dot{C}_k\sum_{k=-\infty}^{\infty}\dot{C}_{-k}=\sum_{k=-\infty}^{\infty}\dot{C}_k\overline{\dot{C}_k}$$
$$=\sum_{k=-\infty}^{\infty}|\dot{C}_k|^2$$

であり，

$$\overline{e^2(t)}=\sum_{k=-\infty}^{\infty}|\dot{C}_k|^2 \qquad (4.21)$$

となる．ただし，$\overline{\dot{C}_k}$ は $\dot{C}_k$ の複素共役を表している．(4.21)式は信号電力が，各周波数成分の電力の和，すなわちパワースペクトルの総和に等しいことを表す重要な関係であり，**パーシバル**(Parseval)**の等式**と呼ばれている．

4.3.2 単発信号とフーリエ変換

信号 $e(t)$ の2乗積分値が，

$$0<\int_{-\infty}^{\infty}e^2(t)dt<\infty \qquad (4.22)$$

なる関係を満足するとき，$e(t)$ を**単発信号**あるいは**孤立波**という．$e(t)$ の2乗積分値は信号波のエネルギーに対応しており，(4.22)式は信号波のエネルギー

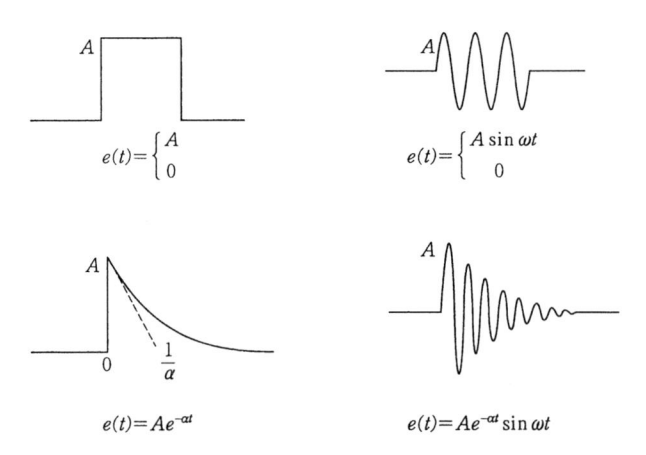

図4.14 単発波形
これらの波形はいずれもエネルギーが有限であり，単発波形である．

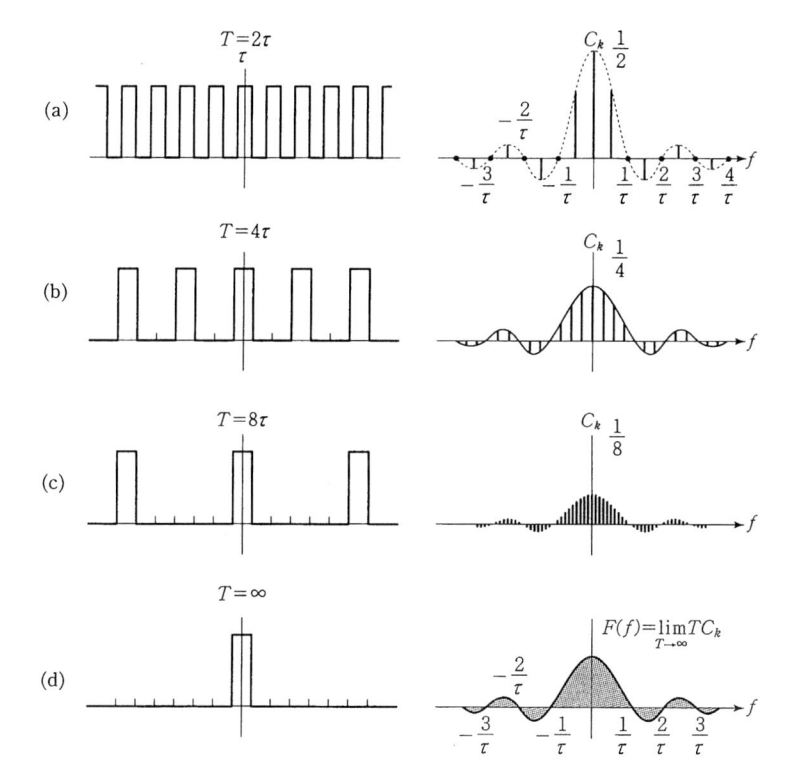

図4.15 パルス列の間隔を小さくしたときのスペクトルの変化
スペクトルは位相項($\pm n\pi$)も考慮に入れて正負の振幅で示してある．T を大きくしていくとスペクトルの密度が高くなり，それにともない振幅が小さくなる．$T \to \infty$ の極限では連続スペクトルとなる．単発パルスのスペクトルと周期パルスのスペクトルは同じ形をしている．

が有限であることを表している．図4.14に示す各波形はその2乗積分値が有限であり，単発信号である．

いま，図4.15のようなパルス列を考えよう．そのスペクトルは(4.20)式から求められ，n 次高調波の周波数 f_n は

$$f_n = \frac{n}{T} \tag{4.23}$$

であるから，隣り合う高調波間の周波数間隔 Δf は

$$\Delta f = \frac{1}{T} \tag{4.24}$$

となる．したがって，図(a)〜(c)のように周期 T をしだいに大きくしていく

と，Δf はそれにともない小さくなる．

では，図(d)のような単発パルスの場合はどうであろうか．これは，パルスの周期 T が無限に大きくなった極限と考えられるから，(4.24)式を(4.20)式に代入し $T \to \infty$ の極限をとると

$$e(t) = \lim_{T \to \infty} \sum_{n=-\infty}^{\infty} \left\{ \frac{1}{T} \int_{-T/2}^{T/2} e(t) e^{-jn\frac{2\pi}{T}t} dt \right\} e^{jn\frac{2\pi}{T}t}$$

$$= \lim_{\Delta f \to 0} \sum_{n=-\infty}^{\infty} \Delta f \left\{ \int_{-1/2\Delta f}^{1/2\Delta f} e(t) e^{-j2\pi n\Delta f t} dt \right\} e^{j2\pi n\Delta f t}$$

となり，$n\Delta f = f$ とおいて，結局次の変換対で表されることになる．

$$e(t) = \int_{-\infty}^{\infty} \dot{F}(f) e^{j2\pi f t} df \qquad (4.25)$$

$$\dot{F}(f) = \int_{-\infty}^{\infty} e(t) e^{-j2\pi f t} dt \qquad (4.26)$$

(4.26)式を**フーリエ変換**(Fourier transform)，(4.25)式を**フーリエ逆変換**(inverse Fourier transform)と呼んでいる．$\dot{F}(f)$ は $\dot{C}_n$ と同様，複素数であり，**フーリエスペクトル**(Fourier spectrum)という．また，$|\dot{F}(f)|$ を**振幅スペクトル**(amplitude spectrum)，$\angle |\dot{F}(f)|$ を**位相スペクトル**(phase spectrum)という．

図4.15に示すように，周期信号のスペクトルは線スペクトルであるが，T が大きくなるにつれてスペクトルは密になり，$T \to \infty$ の極限，すなわち，単発信号では連続スペクトルとなる．このとき，信号電力(単位時間あたりのエネルギー)は限りなく小さくなり，

$$\dot{F}(f) = \lim_{T \to \infty} T\dot{C}_k \qquad (4.27)$$

が有限の値となる．図にみられるように，周期信号のスペクトルと単発信号のスペクトルは同じ形をしており，両者が本質的に同一のものを表していることがわかる．

周期信号の場合と同様，信号エネルギーに関して

$$\int_{-\infty}^{\infty} e^2(t) dt = \int_{-\infty}^{\infty} |\dot{F}(f)|^2 df = 2\int_{0}^{\infty} |\dot{F}(f)|^2 df \qquad (4.28)$$

なる重要な関係が成立する．これは，信号エネルギー，すなわち，信号波形の時間に関する2乗積分値が $|\dot{F}(f)|^2$ の周波数に関する積分値に等しいことを表して

いる．$|F(f)|^2$は**エネルギースペクトル** (energy spectrum) と呼ばれる*．

図 4.16 に各種信号の振幅スペクトルを示す．図 (a) は単位インパルスである．単位インパルスのスペクトルは周波数によらず一定であり，無限大の帯域を特つ．図 (b) はパルス幅 τ の方形パルスである．この場合スペクトルは $\sin x/x$ の形をとり，エネルギーの 97% が $f > 6/\tau$ に集中している．パルス幅 τ が小さくなるとスペクトルの帯域は広くなり，大きくなると直流付近にエネルギーが集中する．図 (c) は時間波形が $\sin x/x$ の場合で，このときは逆にスペクトルが方形となる．図 (d) はトーンバースト信号と呼ばれているもので周波数 f_0 の正弦波が時間幅 t_d だけ継続する信号である．トーンバースト信号のスペクトルは図に示

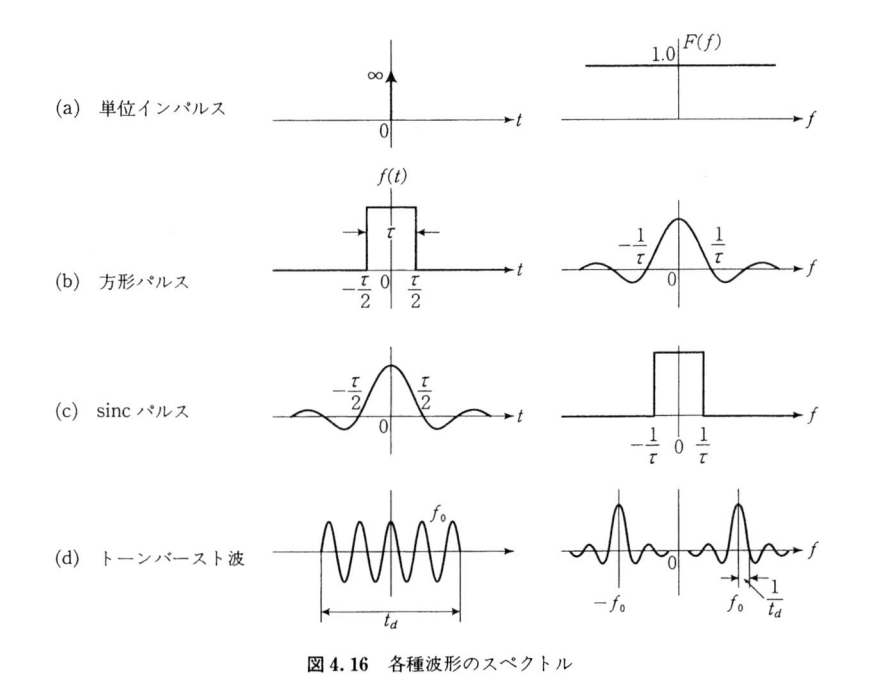

(a) 単位インパルス

(b) 方形パルス

(c) sinc パルス

(d) トーンバースト波

図 4.16　各種波形のスペクトル

---

*　ここでは単発信号のフーリエ変換のみを扱ってきたが，ランダム波形のように，単発信号でなくかつ周期波形でもない信号のスペクトルもフーリエ変換を用いて求めることができる．この場合 $T \to \infty$ としたとき信号エネルギーは無限大となるから，エネルギースペクトルは定義できない．このため，

$$P(f) = \lim_{T \to \infty} \frac{1}{T} |F(f)|^2 \tag{4.29}$$

なる関数が用いられる．$P(f)$ は**パワースペクトル密度関数** (power spectral density function) と呼ばれる．

すように方形パルスのスペクトルを周波数軸上で $\pm f_0$ だけシフトしたものになる. t_d が大きくなるとスペクトル幅は小さくなり線スペクトルに近づく.

フーリエスペクトルには次のような性質がある.

■ 線形性
$$a_1 e_1(t) + a_2 e_2(t) \Leftrightarrow a_1 \dot{F}_1(f) + a_2 \dot{F}_2(f) \tag{4.30}$$

信号の和のスペクトルは各々のスペクトルの和に等しい. たとえば, 雑音が混入した信号のスペクトルは信号のスペクトルと雑音のスペクトルの和で表される. ここで記号 $e(t) \Leftrightarrow \dot{F}(f)$ はフーリエ変換対を表している.

■ 波形の移動
$$e(t-\tau) \Leftrightarrow \dot{F}(f) e^{-j2\pi f\tau} \tag{4.31}$$

信号波形を時間軸上で τ だけ移動したもののスペクトルは, もとの波形のスペクトルに $e^{-j2\pi f a}$ を掛けたものになる. したがって, 振幅スペクトルやエネルギースペクトルは波形の移動によって変わらず, 位相スペクトルのみが変化する.

■ 波形の拡大, 縮小
$$e(at) \Leftrightarrow \frac{1}{|a|} \dot{F}\left(\frac{f}{a}\right) \tag{4.32}$$

波形を時間軸上で縮小するとスペクトルは周波数軸上で拡大される.

■ 波形の微分
$$\frac{d}{dt} e(t) \Leftrightarrow j2\pi f \dot{F}(f) \tag{4.33}$$

微分波形のスペクトルはもとの波形のスペクトルに $j2\pi f$ を掛けたものに等しい.

■ 波形の積分
$$\int_{-\infty}^{t} e(t) dt \Leftrightarrow \frac{\dot{F}(f)}{j2\pi f} \tag{4.34}$$

積分波形のスペクトルはもとの波形のスペクトルを $j2\pi f$ で割ったものに等しい.

■ たたみこみ

$$\int_{-\infty}^{\infty} e_1(t-\tau)e_2(\tau)d\tau \Leftrightarrow \dot{F}_1(f)\dot{F}_2(f) \qquad (4.35)$$

左辺すなわち，2つの波形の**たたみこみ積分** (convolution integral) のスペクトルは各々のスペクトルの積で与えられる．信号波形をあるシステムに入力したときの出力波形は信号波形とシステムのインパルス応答波形とのたたみこみ積分で与えられる．したがって，信号波形をあるシステムに入力したときの出力波形のスペクトルは信号波形のスペクトルとシステムの周波数応答との積で与えられる．

4.3.3 時間領域と周波数領域

(4.20)式や(4.26)式に示されるように，時間波形 $e(t)$ が与えられれば，そのスペクトル $\dot{C}_n$ あるいは $\dot{F}(f)$ が一意に定まり，また，$\dot{C}_n$ あるいは $\dot{F}(f)$ が与えられれば，(4.20)式や(4.25)式により，$e(t)$ は一意に定まる．このように $e(t)$ と $\dot{C}_n$ あるいは $\dot{F}(f)$ は互いに裏表の関係にあり，それらを結び付ける変換対が(4.20)式および(4.25)式，(4.26)式である．$e(t)$ を波形の**時間領域** (time domain) における表現といい，$\dot{C}_n$ あるいは $\dot{F}(f)$ を波形の**周波数領域** (frequency domain) における表現という．信号波形を表現したり解析したりするとき，時間領域で行ってもよいし周波数領域で行ってもよい．むしろ解析しやすい領域で解析したり，信号の性質を表しやすい領域で表現することが普通である．また，時間領域で理解しにくい現象も周波数領域では単純な現象であったり，その逆の場合もある．ある現象を理解しようとするとき，時間領域と周波数領域，双方における挙動を考えれば，その現象の理解が深まる．

5. 雑 音

電気・電子計測では計測系内外からいろいろな雑音が必ず混入し，いろいろな影響を及ぼす．これら雑音の影響を除去できれば，計測の問題の大半は解決したといっても過言ではない．これまで用いられているあらゆる計測法はこれら雑音の問題をつねに念頭におきながら考案されたものである．本章では，具体的な電磁気量の測定法に入る前に，計測で問題になるいろいろな雑音について，その種類，性質，それらに対する対策などを考える．

5.1 計 測 と 雑 音

雑音 (noise) とは「所要の信号に干渉し，不明確にする望ましくない擾乱」である*．図 5.1 は計測における雑音の混入経路を表したものである．このように，雑音は計測のあらゆる段階へあらゆる経路で混入する．信号源や計測装置内で発生する雑音を**内部雑音** (internal noise)，計測系外部から到来する雑音を**外部雑音** (external noise) あるいは**外来雑音**という．

雑音は計測に対して次のような影響を及ぼす．

(1) 測定分解能の制限

測定できる最小レベルすなわち測定値の分解能は，測定器の分解能が問題にならないときは，雑音によってきまる．すなわち，信号のレベルが小さくなり雑音レベルと同程度になったとき，測定値は擾乱を受け精度が低下する．また，測定

---

* いま A, A′, B, B′ の 4 人がいて，A と A′, B と B′ がそれぞれ話をしているとする．このとき B と B′ の話し声は A と A′ にとっては雑音となり，逆に A と A′ の話し声は B と B′ にとっては雑音となる．このように所要の信号を特定することによってはじめて雑音が定義される．複数の電子機器がある場合，各々の電子機器の信号が他の電子機器の雑音となって影響を及ぼし，よく問題となる．

器の分解能自体も測定器の内部雑音によって制限を受けているのが普通である．

(2) ダイナミック・レンジの制限

一般に，測定できる最大レベルは測定器の電源電圧や耐圧により制限を受け，測定可能な範囲は図 5.2 のようになる．測定可能な範囲を**ダイナミック・レンジ** (dynamic range) といい，次のように定義される．

$$[ダイナミック・レンジ] \equiv 20 \log \frac{[最大レベル]}{[最小レベル]} \quad [\mathrm{dB}] \qquad (5.1)$$

もし雑音がなければ，適当な減衰器の使用により，最大レベルはいくらでも上げることができ問題がないが，実際は測定最小レベルが雑音により制限されているため，雑音の混入はダイナミック・レンジの低下をまねき測定に支障が生ずる．このように，雑音は測定系のダイナミック・レンジを制限する．

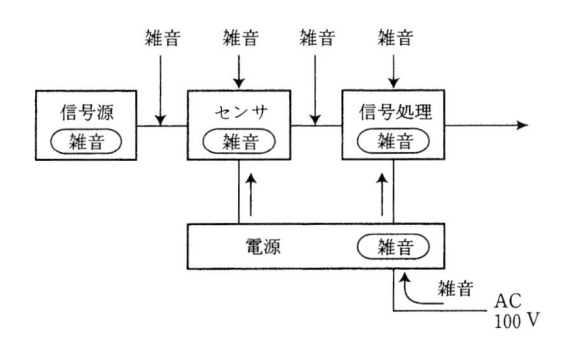

図 5.1 計測における雑音の混入
(雑音) は内部で発生する雑音を表し，矢印は雑音の経路を表す．

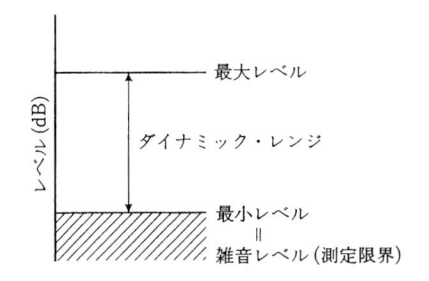

図 5.2 測定系のダイナミック・レンジと雑音
測定系の最大レベルがきまっていれば，測定系のダイナミック・レンジは雑音レベルによってきまる．

(3) 回路の誤動作の誘起

インパルスノイズの混入により，論理回路，コンピュータなどのディジタル回路が誤動作することがしばしばある．このため，計測ではこれらの対策を十分考えておく必要がある．

5.2 雑　音　源

雑音には，熱雑音や熱起電力のように信号源や素子内の物理現象にともない本質的に発生するもの，雷や宇宙雑音，太陽雑音，地電流などのように自然現象にともない発生するもの，自動車や高周波機器，電力線，ディジタル回路などが発生する人工的なものなどがある．また，AD 変換にともなう量子化雑音，波形の記録にともなう時間の変動なども計測でよく問題になる雑音である．

以下，物理現象にともない本質的に発生する雑音である熱雑音，$1/f$ 雑音，ショット雑音，計測において直流の雑音として観測される熱起電力についてその性質を述べる．

5.2.1 熱　雑　音

熱雑音 (thermal noise) は熱励起された導体中のキャリアの不規則振動に起因するもので，不規則に発生する多数の微小電流パルスの集合として導体に不規則な電圧が現れることによる．熱雑音はその発見者にちなんで **Jhonson 雑音**，またその理論解析を行った研究者にちなんで **Nyquist 雑音** などと呼ばれることもある．波形は振幅，位相ともに不規則であり，瞬時値は予測不能である．このような雑音は一般に**不規則雑音（ランダム雑音）**＊ と呼ばれる．したがって熱雑音は不規則雑音の一種である．熱雑音の振幅の瞬時値は図 5.3 に示すように確率的にガウス分布＊＊ に従う．このような不規則雑音を一般に**ガウス雑音** (Gaussian noise) という．ガウス雑音では，振幅の瞬時値は，99.7％の時間はその実効値（ガウス分布の標準偏差）の ±3 倍以内の値をとる．

熱雑音の有能電力 N_t は

$$N_t = kT \, \Delta f \tag{5.2}$$

＊ 不規則雑音は瞬時値が予測不能のため波形を時間の関数として表すことができない．このような雑音の性質を表すには，その統計量が用いられる．

＊＊ (7.2)式参照．ガウス分布は正規分布ともいう．

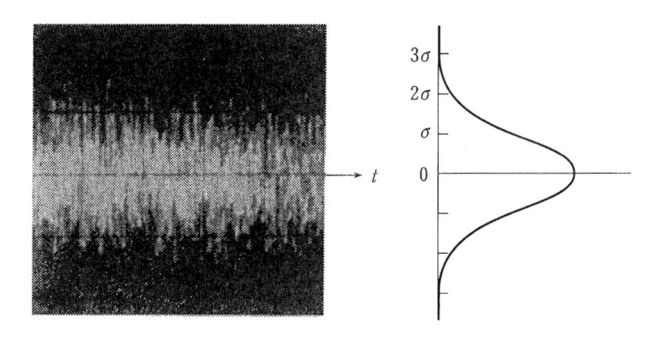

図 5.3 ガウス雑音波形と振幅分布
ガウス雑音では振幅の瞬時値は，99.7%の時間はその標準偏差（＝実効値）の
±3倍以内の値をとる．

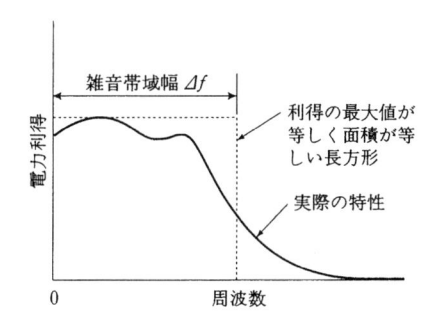

図 5.4 雑音帯域幅の定義

で与えられる．ここで k はボルツマン定数 (1.38×10^{-23})，T は絶対温度，Δf は測定系の帯域幅である．ここでいう帯域幅とは，その測定系の周波数帯域における電力利得が一定であり，それ以外の周波数における測定系の利得がゼロである場合，その測定系の帯域幅をいう．一般の計測系ではある周波数から突然利得がゼロになるようなことはないから，図 5.4 に示すように，利得の最大値が等しく，かつその周波数に関する積分値が等しい等価な長方形を考え，帯域幅を定義する．たとえば，積分回路の帯域幅は，その遮断周波数を f_c とすれば $\pi f_c/2$ で与えられる．このようにして定義される帯域幅を**雑音帯域幅**という．

(5.2)式によれば，熱雑音の電力は周波数に依存せず一定である．このように，スペクトルが周波数によらず一定の雑音は，白色光との類似性から一般的に**白色雑音** (white noise) と呼ばれる．白色雑音の重要な性質はその電力が帯域幅 Δf に比例することである．図 5.5 はこのことを示したもので，測定系の帯域幅

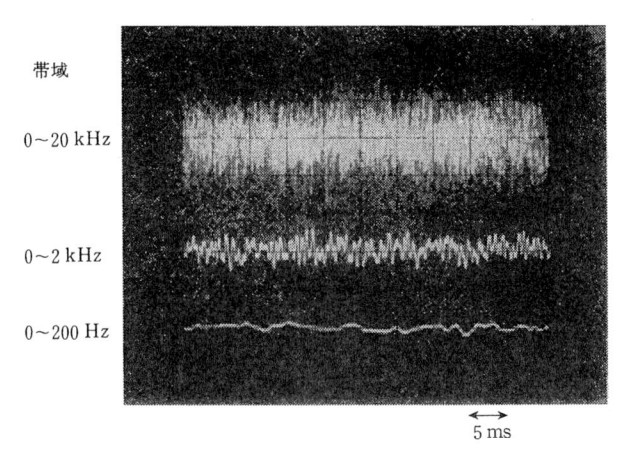

図 5.5 白色雑音の帯域幅による変化
白色雑音は帯域幅を 1/10 にすると，その振幅は約 1/3 になる．

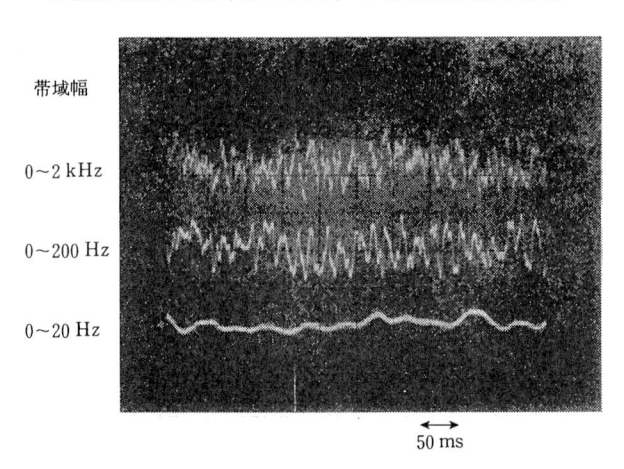

図 5.6 $1/f$ 雑音の波形と帯域幅による変化
$1/f$ 雑音は帯域幅を 1/10 にしても，白色雑音のように振幅が 1/3 にはならない．

を 1/10 にすると電力が 1/10，すなわち振幅が約 1/3 になることがわかる．このように，測定系はその帯域幅を広くするほど雑音は増加する．したがって，測定にあたってはいたずらに測定帯域幅を広くとることは避けなければならない．

5.2.2 $1/f$ 雑音

$1/f$ 雑音 ($1/f$ noise) は不規則雑音の一種であり，そのスペクトルは白色雑音とは異なり周波数の減少とともに増加する．これは，あらゆる現象が持つ"ゆらぎ"に起因するもので，物質の電気抵抗値，弾性損失，心臓の拍動，神経パル

ス時系列などいろいろなもので$1/f$ゆらぎが観測されている．電気・電子計測でとくに問題になる$1/f$雑音は，抵抗器の抵抗値の雑音，接触抵抗の雑音，半導体素子の発生する雑音などで，主に直流を含む低周波帯での測定で問題になる．図5.6は$1/f$雑音の波形例である．$1/f$雑音は白色雑音に比べて波形は粗くみえ，帯域を$1/10$にしてもその電力は$1/10$にはならない．

　$1/f$雑音の有能電力は周波数に逆比例するから，考えている帯域での雑音電力N_fは，Kを比例定数として，

$$N_f = \int_{f_l}^{f_h} \frac{K}{f} df = K \ln\left[\frac{f_h}{f_l}\right] \tag{5.3}$$

で表される．ここで，f_h, f_lは帯域の上限ならびに下限周波数であり，$\Delta f = f_h - f_l$である．

5.2.3　ショット雑音

　ショット雑音 (shot noise)はトランジスタ，ダイオード，真空管などの電子デバイスにおいて観測される不規則雑音で，その電流が多数の荷電粒子の移動によることに起因する．ショット雑音電流の実効値I_{sh}は

$$I_{sh}^2 = 2qI_{DC}\Delta f \tag{5.4}$$

で与えられる．ここでqは電子の電荷量(1.60×10^{-19} C)，I_{DC}は直流電流，Δfは測定系の帯域幅である．このように，ショット雑音はその雑音電力が直流電流に比例する．また，ショット雑音は熱雑音と同様に白色雑音の一種であり，雑音電力は周波数に依存せず，帯域幅に比例する．

5.2.4　熱起電力

　3.2.2で述べたように，異なった種類の金属を接触させると熱起電力が生じ，これが直流の雑音となりうる．熱起電力が測定に影響するような場合には，測定系の各接点間の温度差をできるかぎり小さくすることが重要である．

5.3　素子の雑音

　以上，計測で問題になる雑音の原因とその性質について述べてきた．では実際のデバイスではこれらの雑音がどのように観測されるのであろうか．以下，抵抗，コンデンサ，インダクタンス，半導体，電子回路などで観測される雑音について述べる．

5.3.1 抵抗の雑音

多くの場合，センサなどの信号源の等価回路は電圧源とそれに直列の電源抵抗で表される．この電源抵抗は雑音を発生する．抵抗の発生する熱雑音を考えると，電源抵抗が R の電源の有能電力は(4.5)式で表されるから，E_t を実効値として(5.2)式は

$$N_t = kT\varDelta f = \frac{E_t{}^2}{4R} \tag{5.5}$$

となる．したがって，

$$\boxed{E_t = \sqrt{4kTR\varDelta f} \tag{5.6}}$$

すなわち，抵抗熱雑音の実効値は $\sqrt{R}$, $\sqrt{\varDelta f}$ に比例する*．したがって，計測においては信号源抵抗および測定帯域幅を小さくすることが望ましい．1 kΩ の抵抗の熱雑音の大きさは，帯域が 1 MHz で約 4 μV である．

抵抗は熱雑音のほかに $1/f$ 雑音を発生し，これは抵抗に電流を流すことにより観測される．一般に抵抗は(5.6)式で計算される以上の雑音を発生し，これは過剰雑音とも呼ばれる．その実効値 E_{ex} は

$$E_{ex} = \sqrt{\frac{K}{f}I_{DC}R} \tag{5.7}$$

であり，$1/\sqrt{f}$, I_{DC}, R に比例する．定数 K は抵抗の種類によって異なり，それが小さいものほど良質の抵抗である．一般に，過剰雑音の大きさは

　　(炭素ソリッド抵抗)＞(炭素皮膜抵抗)＞(金属皮膜抵抗), (巻線抵抗)

である．熱雑音は絶対温度がゼロでない限り，なくすことはできないが，過剰雑音は抵抗の種類を選ぶことにより少なくすることができる．

5.3.2 コンデンサの雑音

等価電源インピーダンスがコンデンサで表せる信号源やセンサも少なくない．一般に複素インピーダンスの実部はそれに相当する抵抗と同じ熱雑音，$1/f$ 雑音を発生する．したがって，コンデンサではその**誘電損失** $\tan\delta$ に対応して雑音が発生する．この雑音は $\tan\delta$ 雑音と呼ばれることがある．また，誘電体では超低周波帯においてその誘電率が非線形挙動を示し，これが直流的な雑音となる．

---

* 無限大の抵抗は無限大の雑音電圧を発生することになるが，そこから取り出せる電力は(5.5)式で表されるように抵抗によらず一定である．

5.3.3 インダクタンスの雑音

インダクタンスにおいても複素インピーダンスの実部に対応する熱雑音，$1/f$ 雑音が発生する．このほかに，磁性体の磁壁移動による不連続的な磁化にともない雑音が発生する．この雑音は**バルクハウゼン雑音** (Barkhausen noise) と呼ばれている．

5.3.4 電子素子，電子回路の雑音

ダイオードやトランジスタなどの電子素子ではショット雑音が発生するほか，その等価回路には抵抗が含まれ，それらの抵抗は熱雑音や $1/f$ 雑音を発生する．また，電子回路には抵抗やコンデンサ，インダクタンスなどが用いられ，これらも上述のような雑音を発生する．さらに，電子回路に必要な電源からも雑音が発生する．図 5.7 は演算増幅器の雑音特性の一例である*．本例では，数百 Hz 以下で $1/f$ 雑音が卓越し，数百 Hz 以上では熱雑音やショット雑音に起因した白色雑音が卓越している．一般に，電子素子や電子回路の雑音スペクトルは図 5.7 のような特性を示し，白色雑音と $1/f$ 雑音が卓越する境界は 1 kHz 付近にある．電子素子や電子回路素子の雑音特性はそれらのデータシートに記載されている．

このほか電子素子や電子回路では入力がゼロにもかかわらず出力に直流が出力されることがある．これを**オフセット** (offset) という．また，この直流成分は時間とともに変化することが多く，これを**ドリフト** (drift) という．

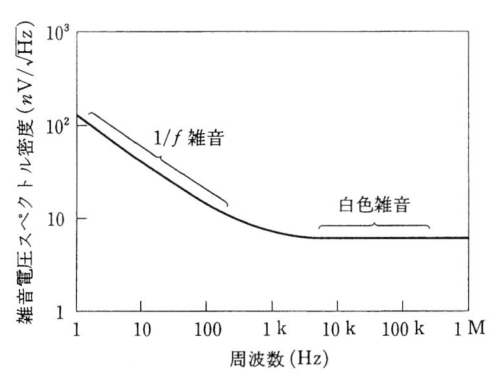

図 5.7 演算増幅器の雑音特性例
1 kHz 以上で白色雑音が，1 kHz 以下で $1/f$ 雑音が卓越している．

---

* 縦軸は雑音の電圧スペクトル密度で，その周波数における雑音の実効値に対応している．この量については 5.4.1 で述べる．

5.4 雑音の表しかた

5.4.1 雑音の単位とパラメータ
雑音に関して次のパラメータが用いられる．

■ **実効値**

白色雑音電圧の実効値は (5.6) 式に示されるように $\sqrt{\Delta f}$ に比例する．したがって帯域幅がきまらない限り実効値は定まらず，白色雑音の大きさを表すことができない．そこで単位帯域幅あたりの実効値 $E_t/\sqrt{\Delta f}$ が用いられる．単位は $V/\sqrt{Hz}$ である．同様に雑音電流に対して $I_t/\sqrt{\Delta f}$ $[A/\sqrt{Hz}]$ が用いられる*．

■ **SN 比**

信号の雑音に対する大きさを表す量として **SN 比** (SN ratio, SNR, S/N などと記す) が用いられる．SN 比は比の値 [倍] あるいはデシベル [dB] で表され，デシベルを用いれば，次のように定義される．

$$S/N \equiv 10\log\frac{〔信号電力〕}{〔雑音電力〕} = 20\log\frac{〔信号電圧〕}{〔雑音電圧〕} \quad [dB] \qquad (5.8)$$

SN 比が大きいほど信号が良質であることを表す．

■ **雑音指数**

雑音指数 (noise figure) は図 5.8 の 2 端子対回路** において，「装置の単位帯域幅あたりの有能雑音電力と，入力端子に実際に接続されている信号源によって生じる雑音出力の比を，標準温度 290 K において測定したもの」と定義されてい

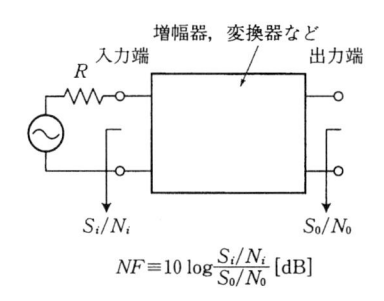

$$NF \equiv 10\log\frac{S_i/N_i}{S_o/N_o} \quad [dB]$$

図 5.8 雑音指数の定義

---

* これらの量はパワースペクトル密度 ((4.29) 式) の平方根すなわち電圧および電流スペクトル密度である．

** 2 端子対回路とは増幅器やフィルタのように 1 対の入出力端子のある回路をいう．

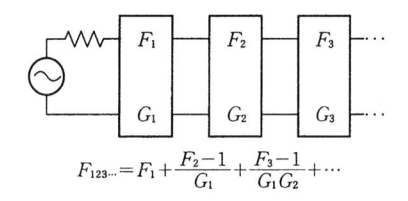

図 5.9 増幅器が多段に接続されている場合の雑音指数
全体の雑音指数は最初の段にもっとも支配される.

る. 雑音指数 NF を式で表せば次のようになる.

$$\mathrm{NF} \equiv \frac{〔全有能雑音出力電力〕}{\begin{bmatrix}信号源抵抗によって\\生じる入力雑音電力\end{bmatrix}} = \frac{〔入力の\ SN\ 比〕}{〔出力の\ SN\ 比〕} = \frac{S_i/N_i}{S_0/N_0} \quad [倍] \quad (5.9)$$

雑音指数は増幅器などの 2 端子対回路において, それを用いることにより SN 比が悪化する程度を表す指数であり, 主として高周波装置の雑音特性を比較するのに用いられる. 雑音指数は SN 比と同様に比の値あるいはデシベルで表される. 雑音をまったく発生しない増幅器の雑音指数は 0 dB であり, 一般の VHF 帯の増幅器では数 dB〜数十 dB の値をとる.

図 5.9 のように利得 $G_1, G_2, G_3, \cdots$ の増幅器が多段に接続されている場合の, 比で表された雑音指数 $F_{123\cdots}$ は

$$F_{123\cdots} = F_1 + \frac{F_2-1}{G_1} + \frac{F_3-1}{G_1 G_2} + \cdots \quad [倍] \quad (5.10)$$

で与えられる. (5.10) 式によれば, 初段の雑音指数は全体の雑音指数にそのまま寄与し, 次段以降はその段の雑音指数を前段までの利得で割った形で寄与する. したがって, 増幅器を多段に接続して計測を行う場合, (1) 初段の増幅器をできるだけ雑音の少ないものにするとともに, (2) 利得はできるだけ前段でかせぐことが肝要である.

■ **等価雑音電力**

等価雑音電力 (noise equivalent power, NEP) はセンサの雑音を評価するためのパラメータである. いま, 図 5.10 に示すように入力パワー W_i の入力に対して出力 E_0 を出力し, 感度が $A = E_0/W_i$ のセンサを考える. センサが雑音を発生し, 無入力時に E_t の出力があるものとする. 等価雑音電力 NEP は, この無入

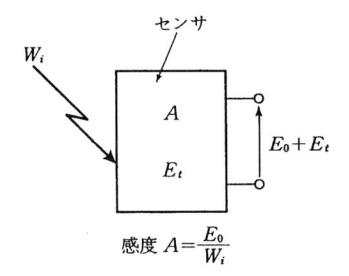

図 5.10 等価雑音電力 (NEP) の定義

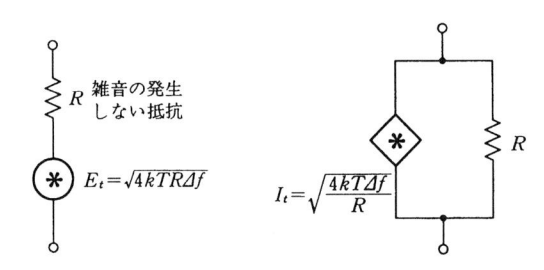

(a) 電圧源による等価回路　(b) 電流源による等価回路
図 5.11 抵抗が発生する熱雑音の等価回路

力時の出力を単位帯域幅あたりの入力パワーに換算したもので，次の式で定義される．

$$\mathrm{NEP} \equiv \frac{W_{it}}{\sqrt{\Delta f}} = \frac{E_t/\sqrt{\Delta f}}{A} \ [\mathrm{W}/\sqrt{\mathrm{Hz}}] \qquad (5.11)$$

ここで W_{it} はセンサの雑音による，みかけの入力パワーである．等価雑音電力は小さいほど低雑音，高感度のセンサを表す．等価雑音電力の逆数を**検出能** (detectivity) という．

5.4.2 雑音源の等価回路

抵抗が発生する熱雑音の等価回路は図 5.11 のように表す．図 (a) は電圧源による等価回路，図 (b) は電流源による等価回路である．図中の抵抗 R は雑音の発生しない抵抗である．他の不規則雑音についても同様に表す．

では 2 つの抵抗がある場合はどうであろうか．実効値が E_1, E_2 の 2 つのガウス雑音がある場合，その和もガウス雑音であり，その実効値 E は次の式で与えられる．

5.4 雑音の表しかた

$$E^2 = E_1^2 + E_2^2 + 2CE_1E_2 \tag{5.12}$$

ここで C は雑音相互の相関係数であり $-1 \leq C \leq 1$ の値をとる．もし，2つの雑音が無相関なら $C=0$ であり，

$$E^2 = E_1^2 + E_2^2 \tag{5.13}$$

となる．2つの抵抗がある場合，各々で発生する雑音は無相関と考えられるから，その等価回路は図5.12のように書ける．

図5.13は増幅器の雑音等価回路である．増幅器の雑音を表す場合，雑音出力を増幅器の利得で割り，入力に換算した値を用いる．これらを増幅器の**等価入力雑音電圧** (equivalent input noise voltage, **入力換算雑音電圧**ともいう)，**等価入力雑音電流** (equivalent input noise current, **入力換算雑音電流**ともいう) という．等価回路は雑音の発生しない増幅器と等価入力雑音電圧源 E_n，等価入力雑音電流源 I_n からなる．電源抵抗が R_s の信号源が入力に接続されている場合，

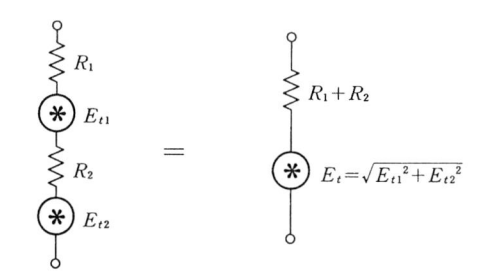

図5.12 直列抵抗の熱雑音等価回路

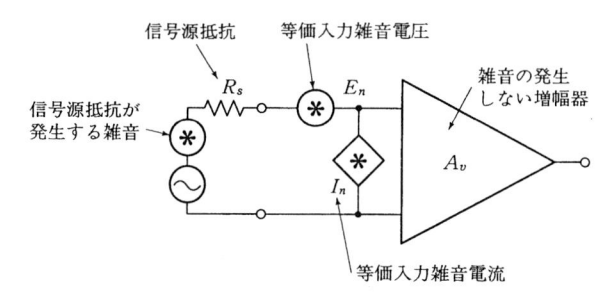

図5.13 増幅器の雑音等価回路
増幅器の雑音は等価入力雑音電圧と等価入力雑音電流で表す．

全体の等価入力雑音 E_{ni} は，

$$E_{ni}^2 = E_t^2 + E_n^2 + I_n^2 R_s^2 + 2CE_n I_n R_s \qquad (5.14)$$

となる．ここで C は雑音電圧-雑音電流間の相関係数である．市販のトランジスタや IC 演算増幅器では，その等価入力雑音電圧と等価入力雑音電流はデータ・シートに記載されており，出力雑音電圧を計算することができる*．

5.5 外部雑音の誘導とその等価回路

前節までは，熱雑音，$1/f$ 雑音，ショット雑音などの不規則雑音について述べてきた．しかし，実際の測定においてこれらの雑音が問題になるようであれば，測定はかなりうまくいっているといえる．なぜならば，これらの雑音が問題となる以前に，実際はそれよりもかなり大きいレベルの外部雑音に悩まされるからである．以下では，この外部雑音誘導のメカニズムやその性質，それを防ぐための基本的な考え方などについて述べていくことにする．

5.5.1 計測系への外部雑音の誘導

いま，図 5.14 のように，測定器がある長さの信号線を介し信号源に接続されている測定系を考える．測定器の 2 つの入力端子間のインピーダンスすなわち入

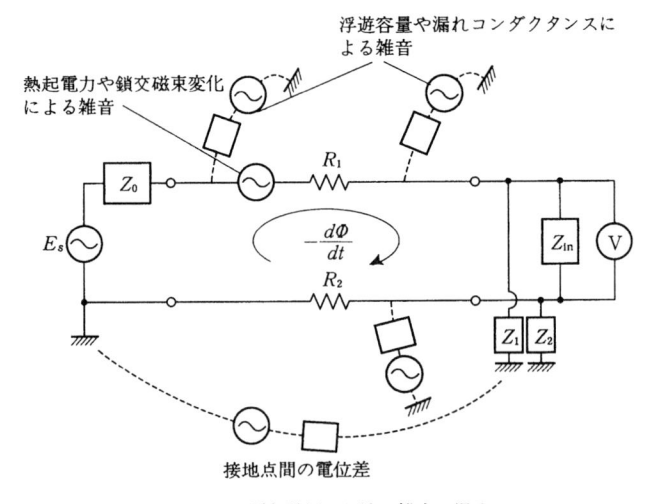

図 5.14　電気計測における雑音の混入

---

* 電子回路では，電源回路が発生する雑音が問題になることが多い．この場合は出力雑音は計算値よりも大きくなる．

カインピーダンスは Z_{in} であり，測定器側の基準電位(**アース**)* と 2 つの入力端子間のインピーダンスはそれぞれ Z_1, Z_2 である．図中 Ⓥ は入力インピーダンスが無限大の理想的な電圧計である．また，R_1, R_2 は信号線の抵抗，Z_0 は信号源抵抗である．このような測定系にはどのような外部雑音が誘導されるだろうか．

まず，信号源ならびに信号線に浮遊容量や漏れコンダクタンス** を介して周囲の配電線あるいは他の雑音源から雑音が誘導される．また，信号源，測定器および 2 本の信号線は閉ループを構成するから，そこに鎖交する磁束の時間変化によりループに雑音起電力が生ずる．さらに，信号源の基準電位(アース)と測定器側の基準電位は，一般に，その間に流れる電流や電位勾配のため同一ではなく，2 つの基準電位間の電位差は雑音源となる．このほか，信号源や測定器の電源から測定系に混入する雑音や，異種金属の接点間の温度差によって生ずる熱起電力などが雑音源として問題になる．これらの雑音源は図 5.14 では電圧源とそれに直列の電源インピーダンスの等価回路で表している．雑音源の電源インピーダンスは，一般に浮遊容量などのように不確定である．

測定においては，これらの雑音の影響ができるだけ少なくなるような測定系を構成しなければならない．そのためには，これらの雑音の性質をもう少し考える必要がある．

5.5.2 コモンモードとノーマルモード

いま図 5.15 のような 2 本の信号線を考える．信号線上の電圧，電流をそれぞれ，V_1, V_2, I_1, I_2 とすると，それらは

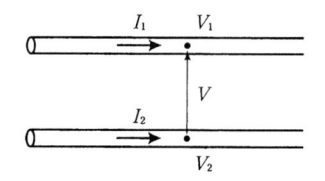

図 5.15 2 本の線を用いた信号の伝送

---

* 測定系において，電位の基準となるものを考え，それを**アース**(接地)と呼ぶ．アースは大地が用いられることが多いが，必ずしも大地である必要はなく，金属構造物のフレーム，測定器のシャーシなども用いられる．

** 信号線や配電線は一般的には絶縁されているものであるが，その絶縁抵抗は無限大(コンダクタンスはゼロ)ではない．このように人為的にコンダクタンスを挿入しなくとも何らかのコンダクタンスが存在することになる．このようなコンダクタンスを**漏れコンダクタンス**という．

$$\begin{cases} V_1 = \dfrac{V_1+V_2}{2} + \dfrac{V_1-V_2}{2} \\ V_2 = \dfrac{V_1+V_2}{2} - \dfrac{V_1-V_2}{2} \end{cases} \tag{5.15}$$

$$\begin{cases} I_1 = \dfrac{I_1+I_2}{2} + \dfrac{I_1-I_2}{2} \\ I_2 = \dfrac{I_1+I_2}{2} - \dfrac{I_1-I_2}{2} \end{cases} \tag{5.16}$$

と書くことができる.いま,

$$V_c = \frac{V_1+V_2}{2}, \qquad I_c = \frac{I_1+I_2}{2} \tag{5.17}$$

$$V_n = V_1 - V_2, \qquad I_n = \frac{I_1-I_2}{2} \tag{5.18}$$

とおくと,(5.16),(5.17)式は

$$\begin{cases} V_1 = V_c + \dfrac{1}{2} V_n \\ V_2 = V_c - \dfrac{1}{2} V_n \end{cases} \tag{5.19}$$

$$\begin{cases} I_1 = I_c + I_n \\ I_2 = I_c - I_n \end{cases} \tag{5.20}$$

と表すことができる.すなわち,2線間の任意の電圧は,図5.16のように,2つのモード V_c, V_n の合成されたものと考えることができる.ここで V_c は2つの信号線の平均電圧を表しており,**コモンモード** (common mode) 電圧と呼ばれる.また,V_n は線間電圧を表しており,**ノーマルモード** (normal mode) 電圧と呼ばれる*.同様に電流も(5.20)式によってコモンモードとノーマルモードに分

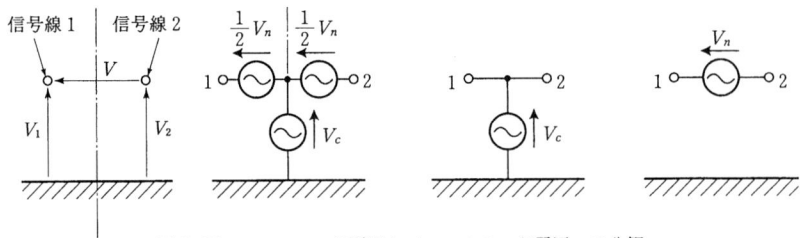

図5.16 コモンモード電圧とノーマルモード電圧への分解
ノーマルモードは1点鎖線に関して対称である.

---

* コモンモードは不平衡モードや同相モード,ノーマルモードは平衡モード,線間モード,差動モードなどと呼ばれることもある.

図 5.17 (a) コモンモード伝送　(b) ノーマルモード伝送

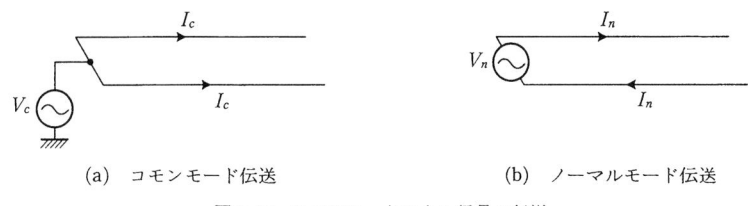

2つのモードによる信号の伝送

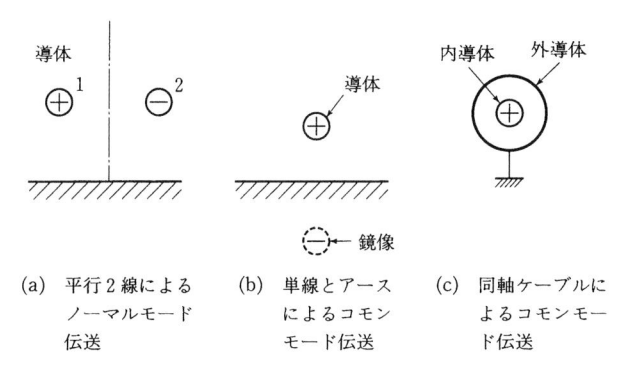

図 5.18　信号伝送の各種形態
(a) 平行2線によるノーマルモード伝送
(b) 単線とアースによるコモンモード伝送
(c) 同軸ケーブルによるコモンモード伝送

けて考えることができる．

このことは，信号源から測定器に信号を伝送する場合，図 5.17 (a), (b) のように2つのモードで伝送することができることを意味している．たとえば，図 5.18 (a) のように平行2線を幾何学的対称を保ったまま，ノーマルモードで駆動した場合にはノーマルモードで信号が伝送される．もし，対称性がいくぶんか崩れた場合には，信号の一部はコモンモードで伝送される．また，図 (b) のように1本の信号線と大地を用いて信号を伝送する場合や，図 (c) のように同軸ケーブルを用いて信号を伝送する場合には信号はコモンモードで伝送される．

5.5.3　誘導雑音の等価回路

測定系に誘導した雑音も同様に考えることができる．すなわち，雑音はノーマルモードとコモンモードに分解することができ，その割合は測定系の幾何学的形状や雑音源に依存している．図 5.19 にノーマルモードとコモンモードに分解して表した雑音混入の等価回路を示す[*]．電気・電子計測ではこのように雑音をノーマルモードとコモンモードに分けて考え，各々に対して対策を講ずる．

---

[*] コモンモード雑音 E_{cm} とノーマルモード雑音 E_{nm} は正しくは図 5.16 の左から2番目の図のように表さなければならないが，ここでは簡単のため，図 5.19 のように表している．

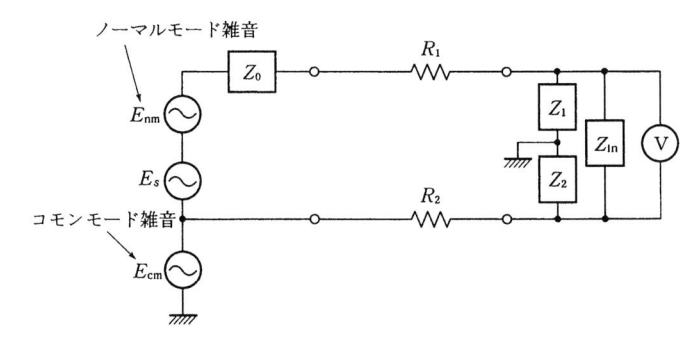

図 5.19 誘導雑音のコモンモード雑音とノーマルモード雑音への分解
図 5.14 における雑音は,このように 2 つのモードの雑音にまとめて表すことができる.

5.6 雑 音 対 策

以上,電気・電子計測における雑音の発生と誘導のメカニズムについて述べてきた.本節では,これらの雑音をできるだけ低減する方策について考える.

計測の際に本源的に現れる雑音である,熱雑音に対する一般的な対策としては,信号源抵抗ならびに計測回路に用いられる抵抗の値を小さくする,計測系の周波数帯域を狭くする,信号源ならびに計測回路の温度を下げる,などがあげられる.また,7.3 に述べるように,信号に重畳された熱雑音などの白色雑音の抑圧には平滑化や同期加算などの信号処理が有効である.

$1/f$ 雑音に対する一般的な対策としては,信号源抵抗ならびに計測回路に用いられる抵抗の値を小さくする,雑音の少ない素子を選ぶ,抵抗に流す電流を少なくする,計測系の周波数帯域を狭くする,高い周波数帯域で計測を行う,などの方策がとられる.直流を含むような低い周波数帯域の信号を高い周波数帯域に変換して計測する方法については 7.3.6 で述べる.

また,導体の接点に現れる熱起電力に対しては,接点間の温度差をできるだけ少なくするなどの対策がとられる.

以下では,誘導雑音に対する測定上の対策について考えよう.

5.6.1 逆 接 続

5.2.4 で述べたように,複数の接点間に温度差があると熱起電力が生じ,それが直流的な雑音になる.図 5.20 は電位差計による電圧測定の例である.この電位差計の原理は 1.4 ですでに説明してある.いま,測定系に $\varepsilon_1, \varepsilon_2$ なる熱起電力が生じていたとする.ガルバノメータの指示がゼロになったとき,

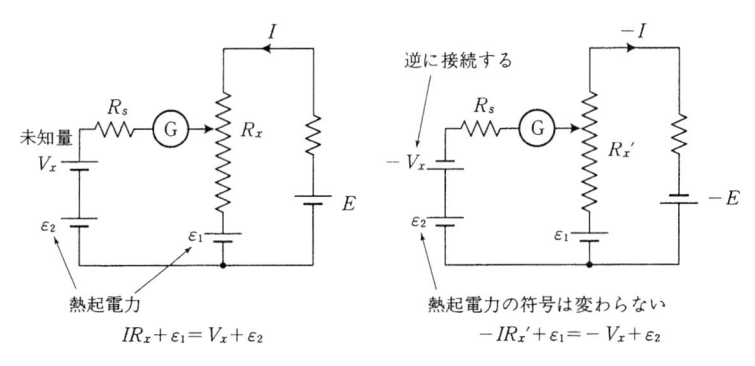

図 5.20 電位差計における熱起電力対策
V_x を正逆 2 通りの接続により測定を行う.

$$IR_x + \varepsilon_1 = V_x + \varepsilon_2 \tag{5.21}$$

なる関係が成立する．いまここで，未知の電圧 V_x を電位差計に逆向きに接続したとすると，$V_x, \varepsilon_1, \varepsilon_2$ は不変であるから，

$$-IR_x' + \varepsilon_1 = -V_x + \varepsilon_2 \tag{5.22}$$

となる．そこで，(5.22) 式を (5.21) 式から引くと

$$I(R_x + R_x') = 2V_x$$

となり，これから

$$V_x = \frac{R_x + R_x'}{2} I \tag{5.23}$$

が得られる．すなわち，信号源を正逆 2 通りの接続を行って測定し，それらの平均をとることにより熱起電力を相殺させることができる．このような手法は**逆接続**と呼ばれ，熱起電力のほかに，増幅器やセンサのオフセットやドリフトなどのノーマルモードの直流雑音を取り除くのに有効である．

☆ **自然現象を逆手にとる**

　逆接続はなぜ有効かを考えてみよう．熱起電力などの雑音は一種の自然現象であり，故意に発生させたものではないため，それを人間の思いのままあやつることは一般に困難である．それに対して，センサの信号などは人間が意識的に発生させたものであるから，その極性を反転させたり，規則性やスペクトルなど信号の性質を人為的にコントロールすることは可能である．つまり逆接続では，雑音の性質が変えられないことを逆に利用し，信号の極性を雑音の性質に応じて変えてやることにより，結果的に雑音が相殺されるようにしているわけである．これはまさに逆転の発想である．

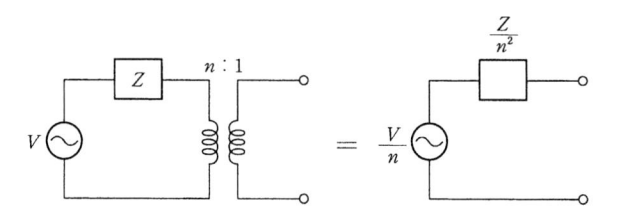

図 5.21 理想トランスによるインピーダンス変換
$n:1$ の理想トランスは電圧を $1/n$ に,信号源インピーダンスを $1/n^2$ にする.

5.6.2 信号源インピーダンス変換

信号源インピーダンスが小さいほど,雑音の誘導が少ないことは 4.2.2 (a) で述べた.したがって,信号源インピーダンスが高い* 場合にはインピーダンス変換を行うことが有効である.インピーダンス変換には,エミッタフォロア回路,トランス,演算増幅器を用いたボルテージフォロア回路などが用いられる.

一例として,**理想トランス**によるインピーダンス変換を考える.$n:1$ の理想トランスは図 5.21 に示すように,1 次側の電圧を $1/n$ 倍にして 2 次側に出力し,信号源インピーダンスを $1/n^2$ にするはたらきを持つ理想的な素子である.理想トランスを用いたことにより信号源から取り出せる最大電力(有能電力)は変わらない.

電圧 V_s,信号源インピーダンス Z_s の信号源に,電圧 V_N,インピーダンス Z_N の誘導雑音が重畳された場合,電圧 V は (4.4) 式,すなわち

$$V \simeq V_s + \frac{Z_s}{Z_N} V_N$$

である.理想トランスを介した場合には,

$$V' \simeq \frac{1}{n} V_s + \frac{Z_s}{n^2} \cdot \frac{1}{Z_N} V_N = \frac{1}{n} \left[V_s + \frac{1}{n} \cdot \frac{Z_s}{Z_N} V_N \right] \tag{5.24}$$

となるから,信号の大きさは理想トランスを用いない場合の $1/n$ となるが,SN 比が n 倍向上することになる.

5.6.3 シールド

a. 静電誘導とシールド 誘導雑音の多くは静電誘導が原因である.たとえば,図 5.22 に示すように 2 つの導体があり,一方が計測系,他方が雑音源であったとする.計測系の電位は静電誘導により雑音源の電位の影響を受け,これ

---

* 信号レベルや測定条件にもよるが 1 MHz 以下の計測では,普通,信号源インピーダンスが数百 Ω 以上になると誘導雑音が問題となる.

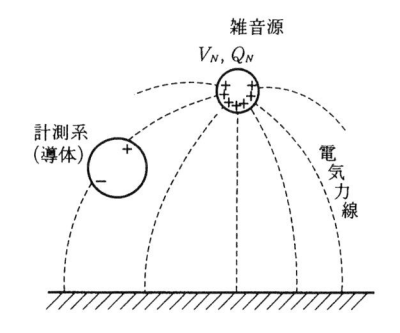

図 5.22 静電誘導による計測系への雑音の誘導
雑音源の電位が変化すると,静電誘導により計測系の電位も変化する.

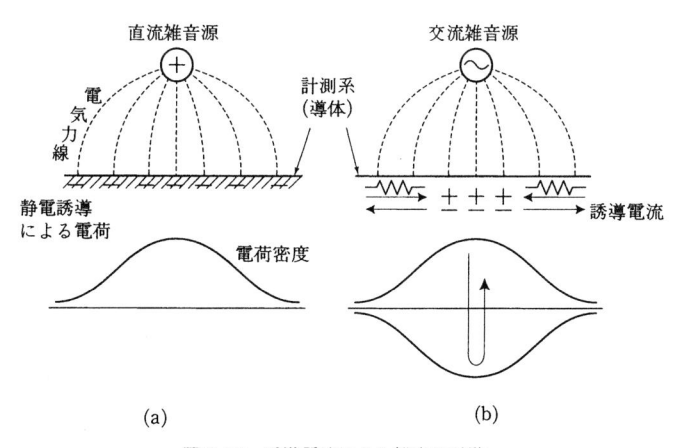

図 5.23 誘導電流による雑音の誘導
静電誘導により導体表面には誘導電荷が現れるが,雑音源の電位が時間的に変化すると,それにともない誘導電流が流れる.導体に抵抗があるとこれによって導体上に電位分布が生じ,これが計測系の雑音の原因になる.

が計測系の雑音の原因となる.このとき導体表面には図 5.23 (a) のように静電誘導により誘導電荷が現れ,結果的に導体は等電位となるが,図 (b) のように雑音源の電位が時間的に変化すると導体表面には誘導電流が流れ,導体に抵抗があると導体上に電位分布が生ずる.この電位分布により計測系に雑音が発生することになる.

　静電誘導による雑音には**シールド** (shielding, 遮蔽ともいう) がとくに有効である.以下に静電シールドの原理を述べる.

　いま,図 5.24 に示すように n 個の導体が真空中に存在しており,各々の導体

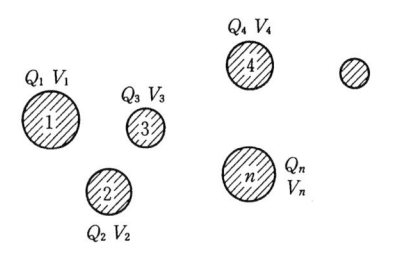

図5.24　n個の導体間の静電誘導

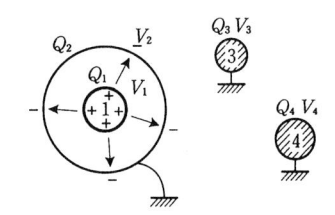

図5.25　導体2が導体1を取り囲んでいる場合の静電誘導

の電位ならびに帯電電荷がそれぞれ $V_1, Q_1, V_2, Q_2, \cdots, V_n, Q_n$ であるとする。このとき，各々の導体の電位ならびに帯電電荷の間には次の関係が成り立つ．

$$\begin{cases} Q_1 = q_{11}V_1 + q_{12}V_2 + \cdots + q_{1n}V_n \\ Q_2 = q_{21}V_1 + q_{22}V_2 + \cdots + q_{2n}V_n \\ \quad \vdots \qquad\qquad\qquad \vdots \\ Q_n = q_{n1}V_1 + q_{n2}V_2 + \cdots + q_{nn}V_n \end{cases} \quad (5.25)$$

ここで q_{mn} は導体の幾何学的位置関係のみによって定まる定数であり，容量係数（$m=n$のとき）ならびに誘導係数（$m \neq n$のとき）と呼ばれる．(5.25)式において相反関係が成り立ち，

$$q_{mn} = q_{nm} \qquad (5.26)$$

である．

いま図5.25のように，導体2が導体1を取り囲んでいる場合を考える．$V_1=1, V_2=V_3=\cdots=V_n=0$ とすると，導体1の電荷から出る電気力線はすべて導体2で終わり，導体2に導体1と逆符号の電荷 $-Q_1$ が現れる．一方，導体3以下には誘導電荷は現れない．したがって，

$$q_{12} = -q_{11}, \qquad q_{13} = q_{14} = \cdots = q_{1n} = 0$$

となる．q_{mn} は電圧や電荷に依存しない定数であるから，本式と (5.26)式から

(a) C_{1n} を介して導体 n に V_n が誘導される．

(b) 導体 2 のシールド効果により，導体 n は V_1 の影響を受けない．

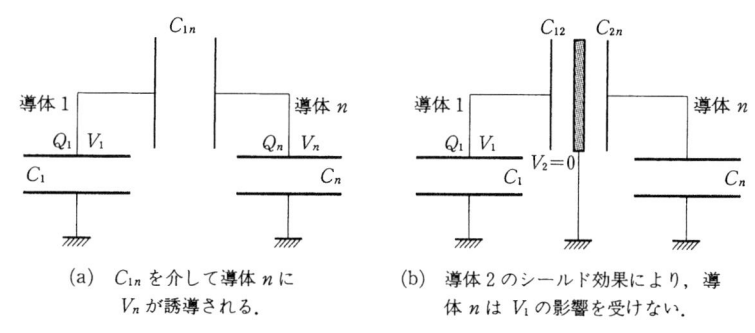

図 5.26　等価平行平板コンデンサによる静電シールドの説明

$$\begin{cases} Q_1 = & q_{11}V_1 - q_{11}V_2 \\ Q_2 = & -q_{11}V_1 + q_{22}V_2 + q_{23}V_3 + \cdots + q_{2n}V_n \\ Q_3 = & \quad q_{32}V_2 + q_{33}V_3 + \cdots + q_{3n}V_n \\ Q_4 = & \quad q_{42}V_2 + q_{43}V_3 + \cdots + q_{4n}V_n \\ \vdots & \quad\quad \vdots \\ Q_n = & \quad q_{n2}V_2 + q_{n3}V_3 + \cdots + q_{nn}V_n \end{cases} \quad (5.27)$$

となる．すなわち，導体 2 が導体 1 を取り囲んでいる場合，V_2 が一定であれば Q_1 は V_3 以下に無関係であり，また Q_3 以下は V_1 に無関係となる．したがって，測定系あるいは雑音源を導体によって取り囲み，さらに，その導体を接地などによって一定の電位に保てば，雑音源と測定系を電気的に隔離することができる．これを**静電シールド** (electrostatic shielding) という．

シールドの原理を等価平行平板コンデンサを用いて表すと図 5.26 のようになる．図において V_1 が雑音電圧であるとすると，導体 n には C_{1n} をとおして誘導雑音 V_n が現れる．いま，図 (b) のようにコンデンサのなかに導体 2 を挿入し，それを接地すると，挿入した導体 2 の電位は雑音源にかかわらず一定であるから，観測端子には V_1 による誘導雑音は現れない．

静電シールドは，電気・電子計測においてきわめて一般的に用いられる雑音対策手法である．図 5.27 は静電シールドの実際を示したものである．センサや電子機器は多くの場合，金属製のケースにおさめられている．これは外部からの衝撃から守るためと静電シールドを目的としたものである．外装がプラスチックの電子機器の場合でも，必要に応じてその内側に金属板や金属箔が用いられている．電子機器の金属ケースはシャーシ（筐体）と呼ばれる．計測においては図

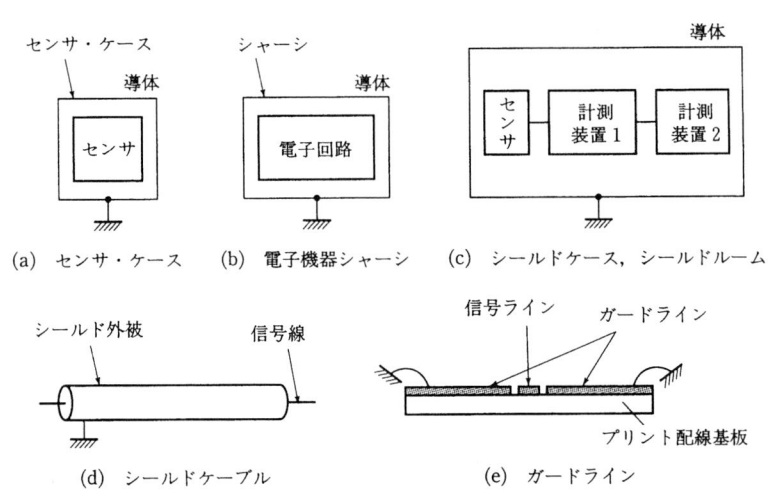

図5.27 静電シールドの実際

5.27(c)のように計測系全体を金属や金網で覆い,それを一定電位に保つこともよく行われる.また,シールド機能を持つ部屋(シールドルーム)のなかで計測を行うこともある.図5.27(d),(e)は信号伝送時の静電シールドの例である.図(d)は信号線を導体で囲んだ構造のケーブルで**シールドケーブル**と呼ばれている.図(e)はプリント配線基盤の信号ラインを,接地されたラインで挟むことにより静電シールドの効果を持たせたものである.こうすることにより雑音源からの電気力線が周囲の接地ラインに分散し,ある程度のシールド効果を持たせることができる.

b. 電磁誘導とシールド 測定系近傍に雑音電流が流れており,それが時間的に変化すると電磁誘導により測定系に雑音が混入する.雑音源までの距離がそこから発生する電磁波の波長に比べて十分小さい場合を近傍電磁界といい,その場合各回路の起電力と電流 $U_1, I_1, U_2, I_2, \cdots, U_n, I_n$ の間には静電誘導の場合と同様に次の関係が成り立つ.

$$\begin{cases} U_1 = -L_1\dfrac{dI_1}{dt} - M_{12}\dfrac{dI_2}{dt} - \cdots - M_{1n}\dfrac{dI_n}{dt} \\ U_2 = -M_{21}\dfrac{dI_1}{dt} - L_2\dfrac{dI_2}{dt} - \cdots - M_{2n}\dfrac{dI_n}{dt} \\ \vdots \qquad\qquad\qquad \vdots \\ U_n = -M_{n1}\dfrac{dI_1}{dt} - M_{n2}\dfrac{dI_2}{dt} - \cdots - L_n\dfrac{dI_n}{dt} \end{cases} \quad (5.28)$$

5.6 雑 音 対 策

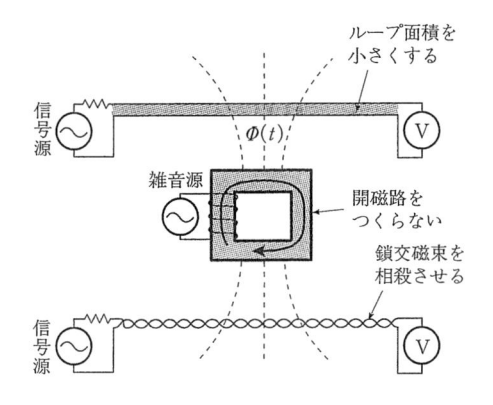

図 5.28 電磁誘導雑音の対策

ここで，L_n を自己インダクタンス，M_{mn} を相互インダクタンスという．したがって，電磁誘導による雑音の混入を抑えるためには相互インダクタンスをできるだけ小さくすればよい．電界と磁界の相似性から，高透磁率の材料を用いてシールドを行うことにより相互インダクタンスを減ずることはできるが，高透磁率材料の透磁率は真空のたかだか 10^5 倍程度であり，導電率が真空の場合の無限大倍と考えてよい静電界の場合に比べ，理想的なシールドは不可能である．したがって，電磁誘導による雑音の混入を抑えるために，図 5.28 に示すように，(1) 鎖交磁束をできるだけ少なくするため，回路のループ面積をできるだけ小さくする，(2) 信号線をよじるなどして鎖交磁束を相殺させる，(3) 雑音源および計測系にできるだけ開磁路をつくらない，などの対策がとられる．

雑音源までの距離がそこから発生する電磁波の波長に比べて大きい場合，電磁誘導は電磁波の伝搬として扱うことができる．このような電磁界を遠方電磁界という．いま図 5.29 に示すように，透磁率 μ，導電率 κ の半無限導体に平面電磁波が入射している場合を考える．導体に入射する寸前の磁界が x 成分 $H_0 e^{j\omega t}$ のみであり，導体内の磁界 $\dot{H}_x$ が

$$\dot{H}_x = \dot{H}_x(z)\, e^{j\omega t} \tag{5.29}$$

であるとすると，$\dot{H}_x(z)$ は拡散方程式を満足し

$$\frac{\partial^2 \dot{H}_x(z)}{\partial z^2} = j\omega\kappa\mu \dot{H}_x(z) \tag{5.30}$$

が得られる．$\gamma^2 = j\omega\kappa\mu$ とおけば，(5.30) 式の解は $Z \to \infty$ で $\dot{H}_x$ が有限である

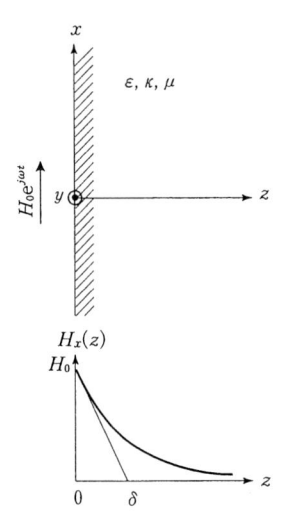

図 5.29 平面電磁波の導体への入射
導体へ入射した電磁波は指数関数的に減衰する.

ことを考えると

$$\dot{H}_x = H_0\, e^{-\gamma z}$$

となる.

$$\gamma = \sqrt{\frac{\omega\kappa\mu}{2}} + j\sqrt{\frac{\omega\kappa\mu}{2}} \tag{5.31}$$

と書けるから，導体内の磁界 $\dot{H}_x$ は

$$\dot{H}_x = \dot{H}_0\, e^{-\sqrt{\frac{\omega\kappa\mu}{2}}z}\, e^{j\left(\omega t - \sqrt{\frac{\omega\kappa\mu}{2}}z\right)} \tag{5.32}$$

となる.これによると，導体に入射した電磁波は指数関数的に減衰し，表面から

$$\delta = \sqrt{\frac{2}{\omega\kappa\mu}} \tag{5.33}$$

の深さで 1/e となる.このように，電磁波が導体の内部に侵入できない現象を**表皮効果** (skin effect) といい，δ を**スキンデプス** (skin depth) という.したがって，δ よりも十分厚い導体板を用いることにより，電磁波を遮蔽することができる.一例として導体として銅を考えると，スキンデプスは 1 MHz で 50 μm，50 Hz で 7 mm である.

5.6.4 ア ー ス

計測においてもっともよく用いられる雑音対策として**アース** (earth, ground)

5.6 雑音対策

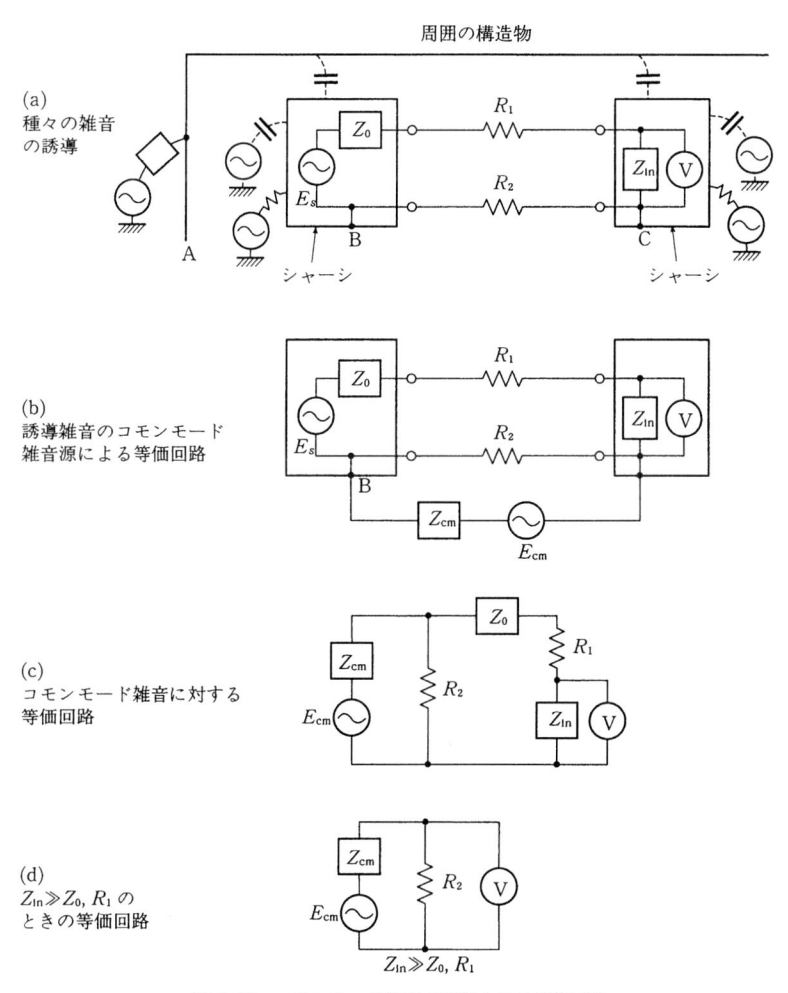

図5.30 コモンモード雑音の誘導とその等価回路

(a) 種々の雑音の誘導

(b) 誘導雑音のコモンモード雑音源による等価回路

(c) コモンモード雑音に対する等価回路

(d) $Z_{In} \gg Z_0, R_1$ のときの等価回路

がある．図5.30(a)のような信号源と信号線，測定器からなる測定系を考える．信号源と測定器の片側の端子は各々のシャーシに接続されているものとする．各々のシャーシには電力線などの雑音源との間の浮遊容量，漏れコンダクタンスにより雑音が誘導される．また，建物の鉄骨などの周囲の導電性構造物からも同様に雑音が誘導される．これらの雑音の誘導が信号源と測定器についてまったく同一であることはありえないから，結果として図(b)のようにコモンモード雑音が測定系に誘導される．コモンモード雑音に対する等価回路は図(c)，(d)のよ

うになり，電圧計に雑音が観測されることになる．

もし，図5.31のように点A, B, Cを抵抗ゼロの導線で結び，各点の電位を等しくすることができれば雑音の混入を防ぐことができる．このように測定系の各部を共通電位にすることを"**アースをとる**"(earth, ground) という．共通の電位としては大地の電位を用いることが一般的であり，名称もこれに由来する．しかし，必ずしも大地の電位を用いる必要はない．

実際は，各部の電位を導線の接続により厳密に等しくすることは不可能である．なぜならば，導線の抵抗が有限であるため*，そこに何らかの電流が流れている場合，導線の両端に電位差が生ずる．たとえば，図5.32のように導体板にアースA, B, Cをとった場合，もしD-E間に他の電源から大電流が流れていたとすると，B-C間の電位差は無視できても，A-B間にはかなりの電位差が現れることになる．また，交流に対しては長さを持った導線はインダクタンスとして

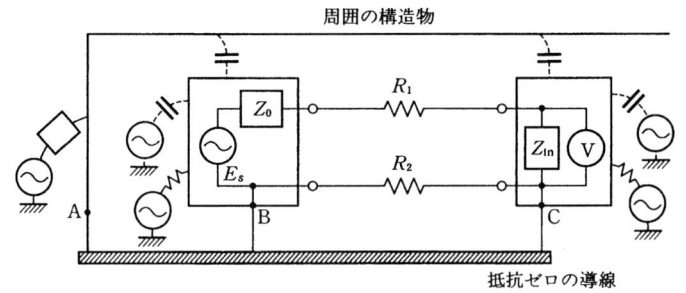

図5.31 アースの原理
抵抗ゼロの導線によってA, B, Cを同電位にすることによりコモンモード雑音の混入を防ぐことができる．

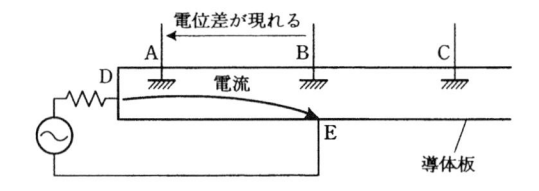

図5.32 導体を流れる電流による電位差
一般に導体に電流が流れていれば，導体の抵抗により各点は同電位とはならない．

---

* アースをとるには通常太い導線や網線など，できるだけ抵抗の小さな導線が用いられる．これは大電流を流すためではなく，そこに生ずる電位差をできるだけ小さくするためである．計測では信号より2〜3桁小さい雑音でも問題になる．したがって雑音を抑圧しようとする場合には，信号の伝送では問題にならないような小さな抵抗も問題になるのである．

ふるまうほか，表皮効果のために導線の実効抵抗が増加するから，同様に，両端に電位差が生じてしまう．したがって，実際にアースを行うにはケース・バイ・ケースの対応が必要である．

5.6.5 差動増幅

計測系の任意の信号はノーマルモードとコモンモードに分けて考えることができることは 5.5.2 で述べた．計測では，信号をノーマルモードで伝送するとともに，ノーマルモードのみを増幅する増幅器で信号を増幅し，コモンモード雑音を抑圧する方法がよく用いられる．誘導雑音は，電磁誘導や熱起電力などを除き，コモンモードで計測系に混入することが多く，このような方法は有効である．ノーマルモードのみを増幅することを**差動増幅**といい，そのような働きをする増幅器を**差動増幅器** (differential amplifier) という．

図 5.33 は差動増幅器の等価回路である．差動増幅器はアース端子のほか 2 つの入力端子を持ち，ノーマルモード入力 e_{nm} に対して差動利得 G_{nm}，コモンモード入力 e_{cm} に対して同相利得 G_{cm} が次のように定義される．

差動利得 $\quad G_{nm} \equiv \dfrac{e_0}{e_{nm}}\bigg|e_{cm}=0 \quad$ (5.34)

同相利得 $\quad G_{cm} \equiv \dfrac{e_0}{e_{cm}}\bigg|e_{nm}=0 \quad$ (5.35)

また，両者の比として **CMRR** (common mode rejection ratio, **同相除去比**) が次のように定義される．

$$\mathrm{CMRR} \equiv \frac{G_{nm}}{G_{cm}} \quad (5.36)$$

CMRR は差動増幅器の性能を表すパラメータであり，その値が大きいほど理想的な差動増幅を行うことができる．実際の差動増幅器では増幅回路素子の誤差などにより CMRR は有限の値をとり，一般に 40〜120 dB である．

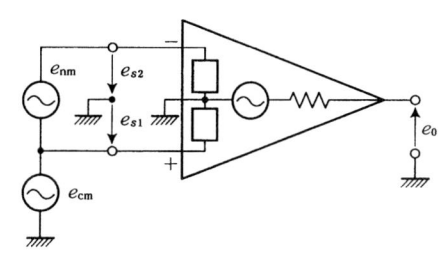

図 5.33　差動増幅器の等価回路

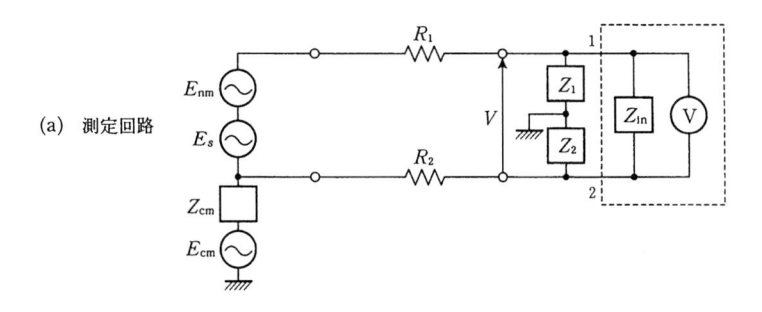

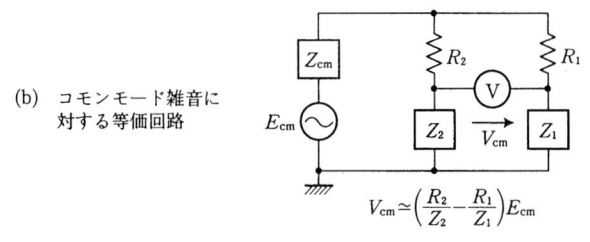

図 5.34 差動増幅器を用いた測定系に混入するコモンモード雑音とそれに対する等価回路 端子1,2の非対称性に対応したコモンモード雑音が現れる.

計測では,シールド,アースなどの手法により,できるかぎりコモンモード雑音を低下させたうえで,CMRRの大きな差動増幅器で増幅を行うことにより雑音の影響を低減することができる.

図5.34(a)は差動増幅器を用いた測定系の一例である.信号はノーマルモードで伝送され,差動増幅器を用いた測定器に入力されるが,信号源と測定器の間にコモンモード雑音 E_{cm} が,また,差動増幅器の2つの端子とアースの間には浮遊インピーダンス Z_1, Z_2 が存在している.本図では信号源インピーダンスは無視しており,$\widehat{V}$ は入力インピーダンスおよびCMRRが無限大の理想的な差動増幅器を表している.本測定系のコモンモード雑音に対する等価回路は図(b)のようになり,差動増幅器で観測されるコモンモード雑音 V_{cm} は,$Z_1, Z_2 \gg Z_{cm}, R_1, R_2$ と考えてよいから,

$$V_{cm} \simeq \left[\frac{Z_1}{Z_1+R_1} - \frac{Z_2}{Z_2+R_2}\right] E_{cm} = \left[\frac{1}{1+R_1/Z_1} - \frac{1}{1+R_2/Z_2}\right] E_{cm}$$

$$\simeq \left\{\left[1-\frac{R_1}{Z_1}\right] - \left[1-\frac{R_2}{Z_2}\right]\right\} E_{cm} = \left[\frac{R_2}{Z_2} - \frac{R_1}{Z_1}\right] E_{cm} \tag{5.37}$$

となる.一般に Z_1, Z_2 は不確定であるから V_{cm} をゼロとすることはできないが,

5.6 雑音対策

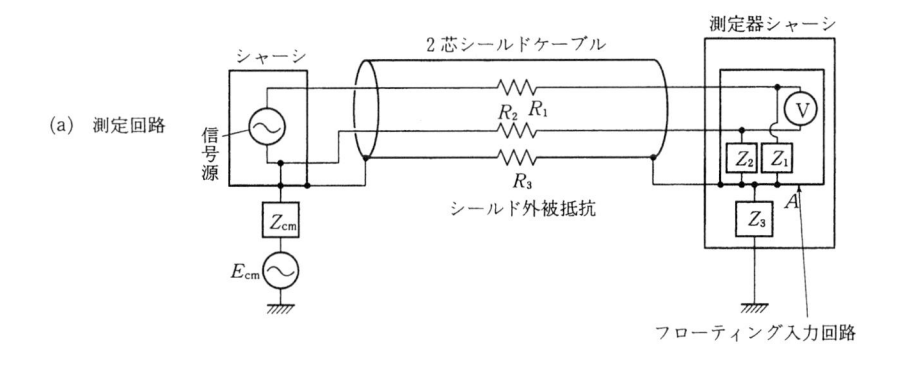

(a) 測定回路

(b) A 点を基準とした
コモンモード雑音
に対する等価回路

$$V_{cm} \simeq \frac{R_3}{Z_4}\left(\frac{R_2}{Z_2} - \frac{R_1}{Z_1}\right)E_{cm}$$

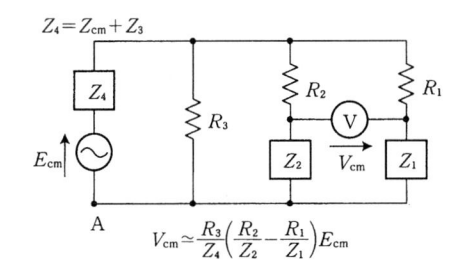

図 5.35　2芯シールドとフローティング入力回路を用いた測定回路と，コモンモード雑音に対する等価回路
図 5.34 の場合に比べてコモンモード雑音は R_3/Z_4 倍になる．

回路の対称性をできるだけ良くすることにより V_{cm} を減らすことができる．このように，たとえ理想的な差動増幅器を用いたとしても，その周辺条件を整えないかぎり雑音が観測されてしまうことに注意を要する．

図 5.35 (a) は **2 芯シールドケーブル**を用いたノーマルモード伝送と，差動増幅を組み合わせた測定系の例である．本測定系では，信号線はシールド外被で覆われている．また，差動増幅回路のアースは測定器シャーシとは絶縁されている．このような入力回路をフローティング入力回路という．シールド外被の一端はフローティング入力回路のアースに，他端は信号源のシャーシに接続されている．図 5.34 と同様に，差動増幅器の入力端子の浮遊インピーダンスを Z_1, Z_2，コモンモード雑音を E_{cm}，差動増幅器のアースとシャーシ間の浮遊インピーダンスを Z_3，シールド外被の抵抗を R_3 とすると，コモンモード雑音に対する等価回路は図の A 点を基準にすると，図 (b) のようになる．ここで $Z_4 = Z_{cm} + Z_3 \simeq Z_3$

である．R_3 は Z_1, Z_2 に比べて十分に小さいと考えてよいから，図 5.34(b) との類似性から V_{cm} は

$$V_{cm} = \frac{R_3}{Z_4}\left[\frac{R_2}{Z_2} - \frac{R_1}{Z_1}\right]E_{cm} \tag{5.38}$$

となる．したがって，コモンモード雑音は図 5.34(a) の R_3/Z_4 倍となる．Z_4 は差動増幅器のアースとシャーシ間の浮遊インピーダンス Z_3 にほとんど等しく，R_3 はシールド外被の抵抗であるから，R_3/Z_4 は非常に小さい値となる．したがって，図 5.35 のような回路を用いることにより，コモンモード雑音をかなり低減することができる．このような測定回路は X-Y レコーダや X-T レコーダなどの高感度計測器に広く用いられている．

　雑音対策として，このほか，フィルタリングや同期検波などがよく用いられる．これらについては，第 7 章で述べる．

6. 電磁気量の測定

　本章では，電圧，電流，インピーダンスなどの電磁気量の具体的な測定法について述べる．実際の計測では，電磁気量以外の物理量を測定する場合も多いが，これらの場合は，それらの物理量をセンサを用いて電気信号に変換することが多い．したがって，ここで述べる電磁気量の測定法はそのままセンサ出力の測定に応用することができる．電力や周波数スペクトルなど信号処理をともなう測定については第7章で述べることにする．

6.1 信号源からの信号の伝達

　測定では，測定の測定対象に与える影響を十分に考慮することが重要である．電磁気量を測定しようとして測定器を測定対象に接続した場合，そのことによる影響が必ず生ずる．したがって，信号源からの信号の伝達特性を定量的に知ることがきわめて重要である．本節では，具体的な測定について述べる前に，信号源からの信号の伝達について考えてみよう．

6.1.1 測定器の入力インピーダンスとその影響

　測定器の入力端子からみたインピーダンスを測定器の**入力インピーダンス** (input impedance) という．理想的な測定器には入力インピーダンスが無限大のものとゼロのものがある．理想電圧計が前者の例であり，理想電流計が後者の例である．しかし，実際の測定器では図6.1に示すように，入力インピーダンス Z_{in} が必ず存在する．このとき，信号源インピーダンスを Z_s，信号源電圧あるいは電流を E_s, I_s とすると，測定値 V, I は，

$$V = \frac{Z_{in}}{Z_{in}+Z_s}E_s, \qquad I = \frac{Z_s}{Z_s+Z_{in}}I_s \tag{6.1}$$

$$V = \frac{Z_\text{in}}{Z_\text{in}+Z_s}E_s \qquad I = \frac{Z_s}{Z_s+Z_\text{in}}I_s$$

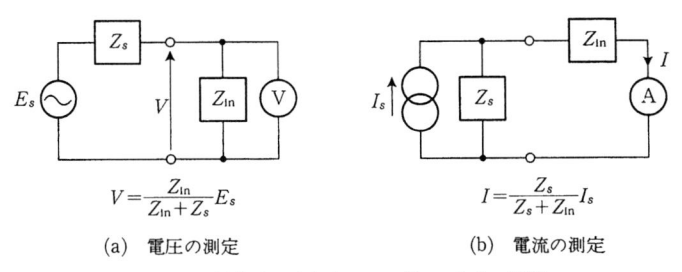

(a) 電圧の測定　　　　　　　　(b) 電流の測定

図 6.1 測定器の入力インピーダンスとその影響
測定器には入力インピーダンスが必ず存在し,それが測定値に影響を及ぼす.

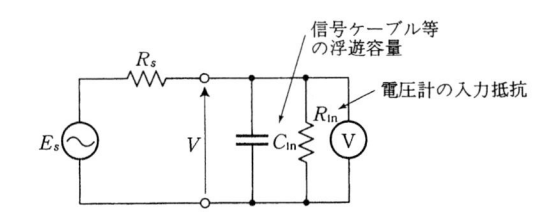

図 6.2 電圧計による電圧の測定
電圧計の入力インピーダンスが純抵抗であっても,信号ケーブル等の浮遊容量などが実効的に入力インピーダンスとして加わる.

となり,電圧測定の場合は $Z_\text{in} \gg Z_s$ のとき,電流測定の場合は $Z_\text{in} \ll Z_s$ のときのみ,正しい値を測定することができる.

図 6.2 は電圧の測定例である.測定系では測定器自体の入力抵抗や入力容量の他にケーブルの抵抗や容量,シールドを行ったことによる浮遊容量などが測定器と並列に存在することになる.$R_s \ll R_\text{in}$ の場合,本回路は積分回路としてはたらき,周波数領域においては図 6.3 (a) のように低域通過型の特性となり,測定帯域が制限される.また,時間領域においては,ステップ波形は図 (b) に示すような積分波形となり,波形のなまりや遅れが生ずる.

図 6.4 はコンデンサに充電された電荷の測定例である.本測定の原理は図 (a) に示すように,入力抵抗 R_in の電圧計により,スイッチ S を閉じてからの電圧の時間変化を測定し,電圧の初期値 $V_0 = Q/C$ から電荷 Q を測定しようというものである.しかし,実際の測定では入力容量 C_in が存在するから,図 (b) に示すように,スイッチを閉じた瞬間に電荷 Q は C_in に分配され,みかけの電圧の初期値は $Q/(C+C_\text{in})$ となってしまい誤差が生ずる.

以上のように,測定器の入力インピーダンスは測定値に大きく影響を与えるこ

6.1 信号源からの信号の伝達

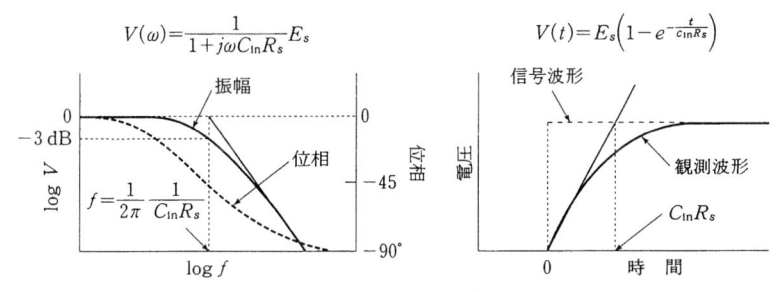

$$V(\omega)=\frac{1}{1+j\omega C_{\text{In}}R_s}E_s \qquad V(t)=E_s\left(1-e^{-\frac{t}{C_{\text{In}}R_s}}\right)$$

(a) 周波数領域：帯域の制限，位相の遅れ　　(b) 時間領域：波形のなまり，遅れ

図 6.3　電圧測定における入力容量の影響

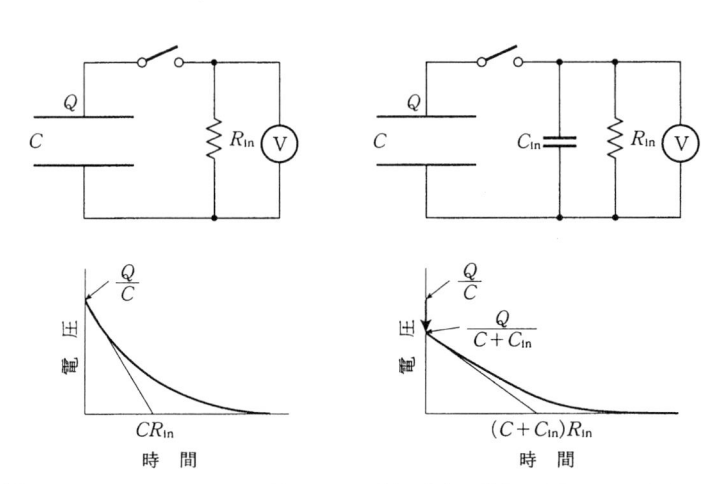

(a) 原理：電圧の初期値から電荷 Q を求める．電圧の初期値は放電波形を内挿することにより求める．

(b) 実際：電荷は瞬時に C_{In} に分配され電圧は $Q/(C+C_{\text{In}})$ となる．また放電時定数も $(C+C_{\text{In}})R_{\text{In}}$ となる．

図 6.4　電荷測定における入力容量の影響

とが多いから，あらかじめ (6.1) 式にもとづきその特性を把握しておくことが重要である．また，ある種の増幅器やフィルタでは，その特性が負荷インピーダンスに依存することがあるのであわせて注意が必要である．

6.1.2　分圧，分流による測定範囲の拡大

一般に測定器では測定できる最大レベルが限られているが，測定器の前に適当な回路を挿入することにより，測定範囲を拡大することができる．

図 6.5 は**抵抗分圧器**あるいは抵抗減衰器と呼ばれるもので，電圧測定時の測定範囲の拡大に用いられる．抵抗分圧器を用いる際には，分圧器内の浮遊容量によ

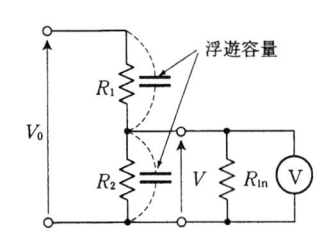

図 6.5 抵抗分圧器（抵抗減衰器）
抵抗分圧器では電圧が減衰するとともに，入力抵抗が増加，出力抵抗が減少する．

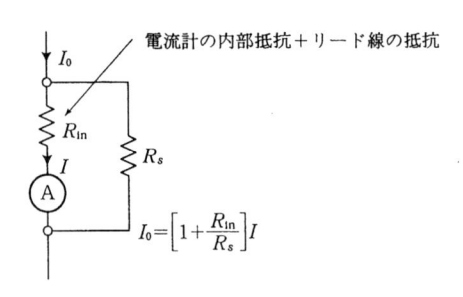

図 6.6 抵抗分流器
測定電流の一部が R_s に流れ測定範囲が拡大する．

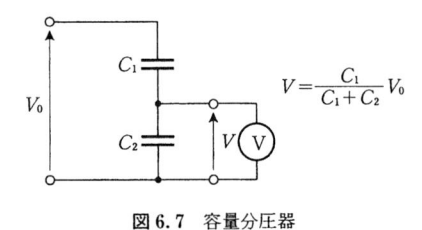

図 6.7 容量分圧器

り過渡特性が変化することや，信号源からみた電圧計側の入力インピーダンスならびに，電圧計からみた信号源側の出力インピーダンスが変化することに注意する必要がある．

図 6.6 は**抵抗分流器**と呼ばれるもので，電流測定時の測定範囲の拡大に用いられる．電流計の入力抵抗を R_{in}，分流器の抵抗を R_s とすれば，測定しようとする電流 I_0 と電流計に流れる電流 I の間には

$$I_0 = \left[1 + \frac{R_{in}}{R_s}\right] I \tag{6.2}$$

なる関係があるから測定範囲を拡大することができる．

図 6.7 は容量分圧器と呼ばれるものである．本回路は高インピーダンス測定や，高電圧測定に用いられるもので，電圧計の電圧 V と測定しようとする電圧 V_0 の間には

$$V_0 = \left[1 + \frac{C_2}{C_1}\right] V \tag{6.3}$$

なる関係がある．

このほか，トランスなどが測定範囲の拡大に用いられることがある．

6.1.3 信号源と測定器の絶縁

信号源と測定器を絶縁する必要がある場合がある．たとえば図6.8のように，100 V の商用電力線から抵抗分圧器を用いて1 V を取り出し，それを測定する場合を考える．100 V の商用電力線はその片側を柱上トランスで大地にアースしているのが一般的である．したがって，分圧器を図のように接続した場合には，分圧器の出力が1 V であっても，大地に対する電位は100 V と99 V であり感電の危険がある．つまり，分圧器の出力端子には1 V のノーマルモードの電圧のほかに，99.5 V のコモンモードの電圧がかかっていることになる．このように高いコモンモード電圧に微小なノーマルモード信号が重畳されているような場合には，信号源と測定器を絶縁した方がよい場合が多い．とくに，医用電子計測などの場合には測定器の入力端子と商用電源ラインとの間の漏れコンダクタンスなどにより，患者が感電する危険があるため，信号源と測定器の絶縁は重要である．

図6.9はトランスによる絶縁の例である．このように接続することにより，コモンモード電圧から測定器を絶縁することができる．トランスは一般に周波数特性を持ち，とくに，直流信号に対しては用いることはできないのが難点である．

図6.10は**フォトカプラ**あるいは**オプトアイソレータ**と呼ばれる素子による絶

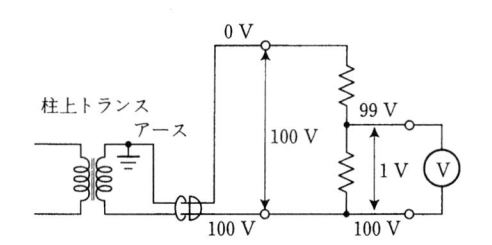

図6.8 分圧器の出力に重畳したコモンモード電圧
分圧器の出力が1 V であっても，このような接続の場合感電の危険がある．

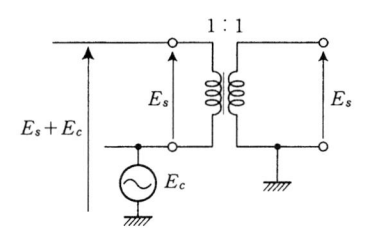

図6.9 トランスによるコモンモード電圧の絶縁

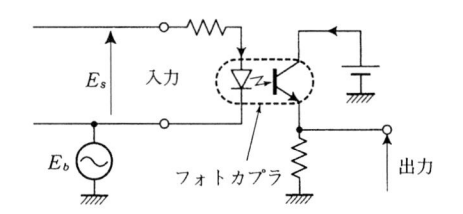

図 6.10 フォトカプラによる絶縁
フォトカプラでは信号は光によって伝達されるので
入力と出力は完全に絶縁される．

縁の例である．フォトカプラは信号を発光ダイオードにより光に変換し，さらにその光をフォトトランジスタにより検出するもので，入出力間に電気的な接続はなく完全に絶縁される．フォトカプラはその原理上，直流信号にも有効であり，応答速度が μs 以下の高速のものもある．フォトカプラは，その伝達特性に若干の非線形性があるが，フィードバックにより直線性を改善したものや，増幅器と組み合わせて IC 化したものなどがある．このように，入力が出力ならびに電源回路と絶縁されている増幅器は**アイソレーションアンプ**と呼ばれる．

☼ **不可能を可能にする (1)**
　信号源と測定器を絶縁して計測することは一見不可能なことのように思える．しかしフォトカプラのように，信号を一度光に変換してやることによりこれを実現することができる．トランスを用いて絶縁するのも，電圧を磁界に変換しているわけで，その原理は同様である．信号を計測するには，必要な信号の情報が取得できればよいのであって，必ずしも信号源と測定系の各要素が全て電気的に接続されている必要はない．こう考えると，測定系の信号情報の伝達手段を工夫すれば信号源と測定系を絶縁することは不可能ではないことがわかる．われわれは，ものごとを考えるとき最初にそれが可能か不可能かを判断してしまいがちである．そして不可能と判断した時点でそれを実現するための思考が停止してしまうことになる．深く考える前に不可能であると判断しないことが重要である．

6.2 電圧の測定

6.2.1 オシロスコープ

4.3 でも述べたように，信号電圧を測定するにあたって，波形観測によりその電圧がどのような性質を持っているかを知ることはとくに重要である．**オシロスコープ** (oscilloscope) はディスプレイ画面の横軸を時間に，縦軸を信号電圧に対

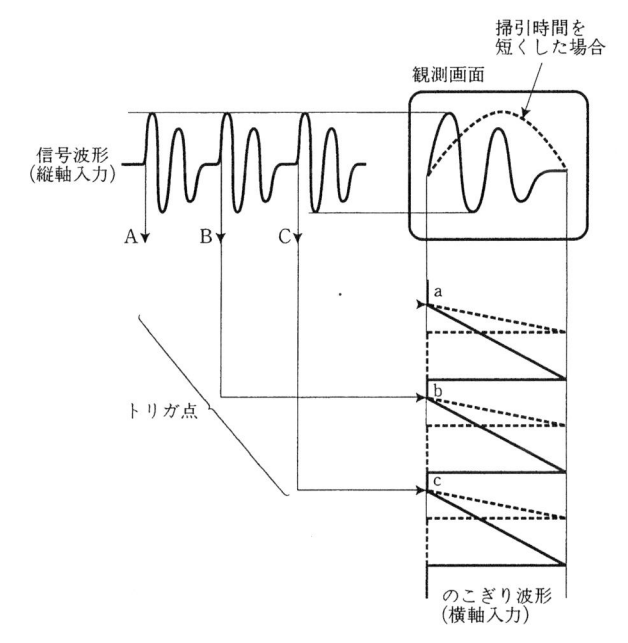

図 6.11 オシロスコープによる繰り返し信号の波形観測原理図
オシロスコープでは同期がとれていてはじめて静止波形を得ることができる．

応させることにより，信号の時間波形を表示する測定器である．オシロスコープによれば，信号電圧の大きさのほかに信号波形や雑音もあわせて観測できることから，測定電圧の性質を調べたり，ひずみ波の計測や単発信号の計測にとくに有効に用いられる．入力インピーダンスは，典型的なもので $1\,\mathrm{M\Omega}$, $20\,\mathrm{pF}$，プローブを用いることにより，$10\,\mathrm{M\Omega}$, $2\,\mathrm{pF}$ と高く，多くの場合測定対象に影響を与えずに測定を行うことができる．

図 6.11 はオシロスコープによる繰り返し信号の波形観測の原理図である．横軸にはのこぎり波，縦軸には繰り返し信号が入力されているが，この場合重要なのは，信号波形の A, B, C, … 点が，のこぎり波の a, b, c, … 点と同期がとれていることであり，同期がとれていてはじめてディスプレイ上に信号の静止波形を得ることができる．このため，オシロスコープには**トリガ** (trigger) 検出回路が備えられており，のこぎり波の開始点をそれによって決定している．トリガの検出法には，信号波があるスレショールド・レベルを越えた時点を検出する内部トリガ，外部からの同期信号による外部トリガ，商用電源から検出するライン・トリ

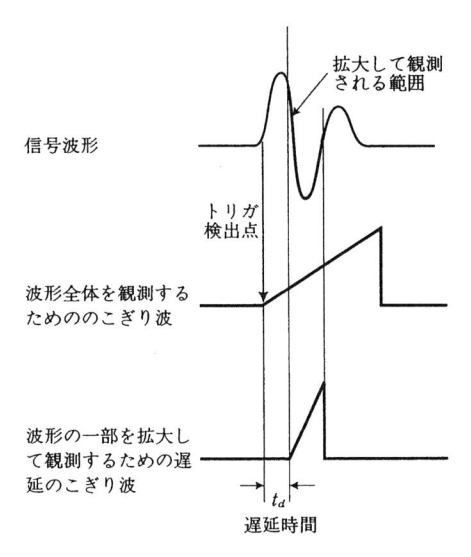

図6.12 遅延トリガによる信号波形の拡大観測

ガなどがある．

　横軸(時間軸)の分解能を高めるには，図中の破線のようにのこぎり波の傾きを大きくすればよいが，このようにすると波形の最初の部分しか観測できない難点がある．このとき，図6.12のように遅延回路により，トリガ検出点からのこぎり波の開始を t_d だけ遅らせるようにしておき，t_d を可変にしておけば，波形のすべての範囲にわたって高分解能で波形を観測できる．このような機能を**遅延トリガ**(delayed trigger)機能という．

　波形の周期が非常に短くなり，ディスプレイの表示速度が問題になるような周波数範囲では**サンプリング・オシロスコープ**(sampling oscilloscope)が用いられる．サンプリング・オシロスコープでは図6.13に示すように，信号の周期 T に対して，それよりもわずかに長い時間間隔 $T+\Delta t$ で信号波形をサンプリングし，ディスプレイ上に表示する．このようにすることにより，1回ごとに Δt ずつずれた波形上の点をサンプリングすることになり，$T/\Delta t$ 回のサンプリングで1周期分のデータを得ることができる．

　信号波形の繰り返しが非常に遅い場合や単発信号の場合には，波形はディスプレイ上に一瞬しか表示されないため測定が困難になる．このような場合，信号波形を一定時間記憶する機能が必要になる．波形をAD変換しディジタル信号と

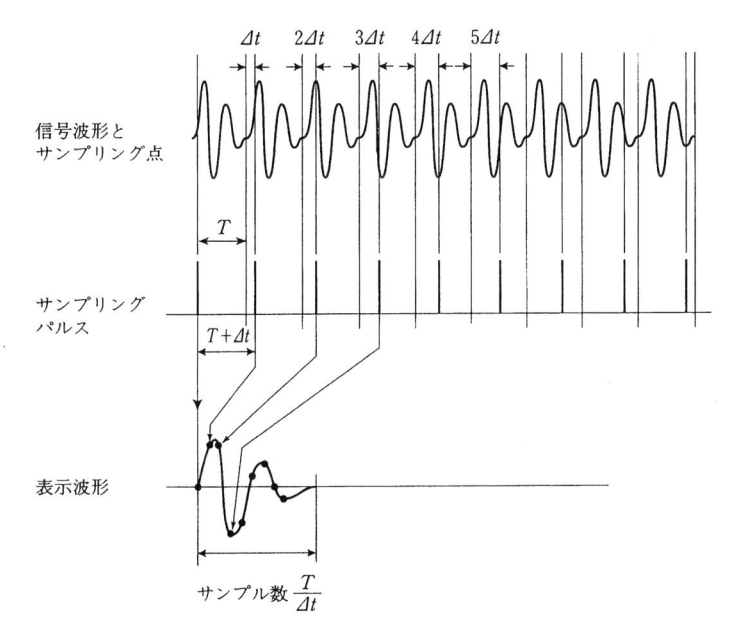

図6.13 サンプリング・オシロスコープの原理
サンプリング・オシロスコープでは信号周期よりわずかに長い周期で信号をサンプリングし表示する．こうすることにより高速の信号が低速の信号に変換される．

して記憶する**ディジタル・オシロスコープ**は機能の豊富さと，コンピュータを用いた計測にそのまま用いることも可能なことから最近多く用いられている*.

ディジタル・オシロスコープの重要な機能の一つに，**プリ・トリガ**(pre-trigger)機能がある．これは，信号を順次メモリに記憶させておき，トリガが入った時点で，トリガから一定時間さかのぼって波形を表示させる機能である．プリトリガ機能により，単発信号の立ち上がりの部分やその直前の波形を観測することが可能になる．

6.2.2 指示計器

指示計器(メータ)はもっとも簡便な電圧測定器である．指示計器ではコイルに電流を流し，磁界との相互作用によって発生するトルクをバネによってメータ

---

* ディジタル・オシロスコープは機能が充実しており便利ではあるが万能ではない．たとえば，アナログ・オシロスコープでは観測できるような細いひげのような高速の現象を，ディジタル・オシロスコープではAD変換の際に取り逃すことがある．このため，未知の波形を観測するにはアナログ・オシロスコープが適していることも多い．

の針の振れに変換する．指示は電流に比例するため，電圧計では直列に抵抗が挿入され，電圧に対応した電流をコイルに流している．指示計器による電圧測定は簡便ではあるが，その入力インピーダンスは 100 Ω から kΩ のオーダであり，高いとはいえない．したがって，計器を接続したことによる影響を十分考慮する必要がある．

6.2.3 電位差計

直流電位差の高精度測定法として，**電位差計**(potentiometer)による方法がある．電位差計はゼロ位法による電位差測定器であり，その原理については 1.4 にも簡単に述べたが，ここではもう少し詳しくその測定法について説明する．図 6.14 は電位差計の原理を示したものである．図(a)は校正時，(b)は測定時のものである．測定にさきだって校正を行うが，それには，標準電圧 V_s を接続し，抵抗分圧器の目盛りが s のとき，ガルバノメータの振れがゼロになるように R_h を調整する．このとき

$$V_s = IR_s$$

である．測定時には，測定電圧 V_x を接続し，ガルバノメータの振れがゼロになるように抵抗分圧器を調整する．このとき

$$V_x = IR_x = \frac{R_x}{R_s} V_s \tag{6.4}$$

であり，抵抗分圧器に $(R_x/R_s)V_s$ の目盛りを打っておけば，測定電圧は直読可能になる．ここで重要なことは，(6.4)式は標準電圧と，抵抗分圧器の抵抗比のみの関数であり，ガルバノメータの振れによらないことである．抵抗分圧器の抵

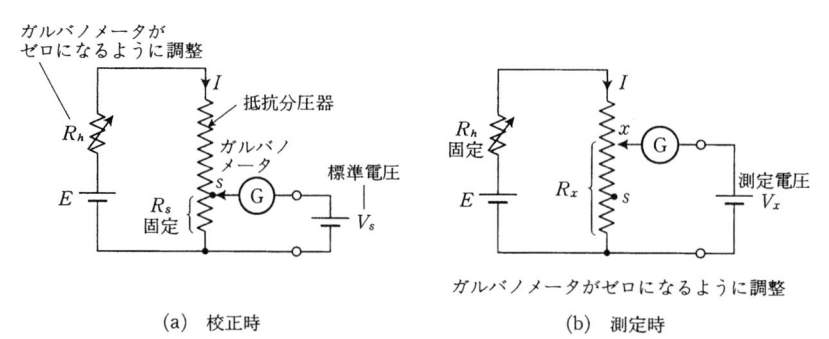

(a) 校正時　　　(b) 測定時

図 6.14 電位差計の原理
電位差計では測定値は抵抗分圧器の抵抗比のみできまる．

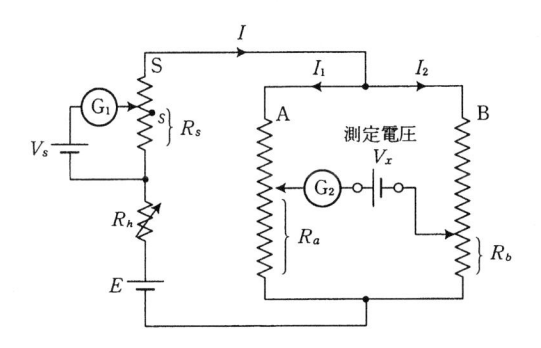

図 6.15 並列抵抗式電位差計
並列抵抗式電位差計では左右の抵抗分圧器により2桁分の調整が可能である.

抗比はたんなる寸法比であるから高精度で測定することができる. 電位差計による測定はゼロ位法であるから, ガルバノメータの振れがゼロになった時点の電位差計の入力インピーダンスは実効的には無限大となり, 測定対象に影響を及ぼさないことも特徴である. 抵抗分圧器の調整を自動的に行う電位差計を自動平衡型電位差計という.

図 6.15 は並列抵抗式電位差計と呼ばれるものである. 測定は, まず, 標準電圧 V_s を接続し抵抗分圧器Sの目盛りが s のとき, ガルバノメータ G_1 の振れがゼロになるように R_h を調整する. このとき

$$V_s = IR_s$$

である. 測定時には, 測定電圧 V_x を接続し, ガルバノメータ G_2 の振れがゼロになるように抵抗分圧器 A, B を調整する. このとき

$$V_x = I_1 R_a - I_2 R_b$$

であり, $I_1 = 10 I_2$ となるように左右の抵抗分圧器の抵抗値が設定されていれば,

$$V_x = 10 I_2 R_a - I_2 R_b = \frac{10}{11} I(R_a - 0.1 R_b) = \frac{10}{11} \frac{V_s}{R_s}(R_a - 0.1 R_b) \tag{6.5}$$

となって, 左右の抵抗分圧器により2桁分の調整が可能になる.

6.2.4 ディジタル・ボルトメータ

ディジタル・ボルトメータは, 測定が簡便である, 読み取り誤差がなく高精度で測定ができる, 高入力インピーダンスである, コンピュータ制御の計測が容易にできる, などの理由からもっともよく用いられる電圧測定器である.

ディジタル・ボルトメータにはいろいろな方式のものがあるが, 図 6.16 は**2重**

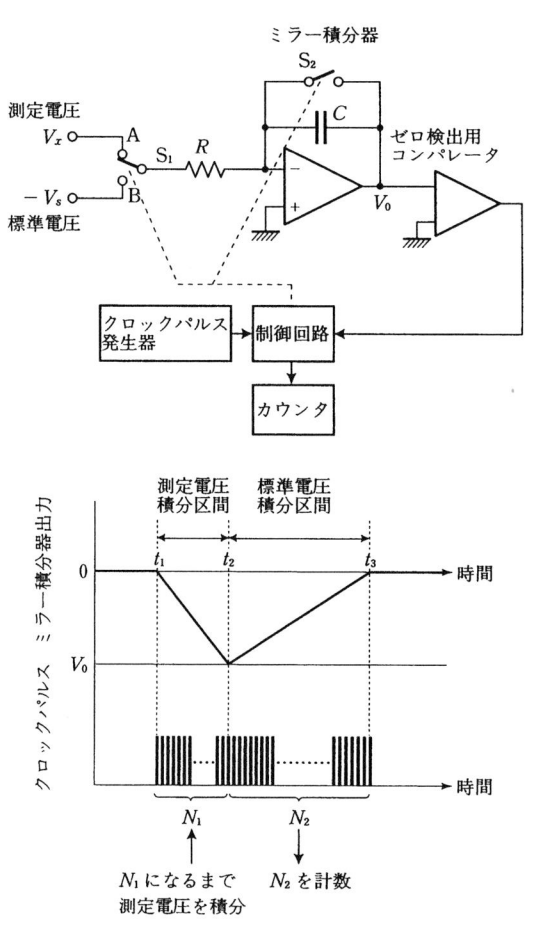

図 6.16 2重積分型ディジタル・ボルトメータの原理

積分型と呼ばれるディジタル・ボルトメータの原理図である．本回路は入力が標準電圧と測定電圧に切り換えられる積分器，コンパレータ(ゼロ検出器)，切り換えスイッチ制御回路およびカウンタからなっている．測定では，まず，スイッチ S_1 を A 側，S_2 を開とし，測定電圧 V_x の積分を開始する．このとき，カウンタはクロックパルスの計数を開始し，パルス数が N_1 になるまで積分を継続する．積分開始時刻を t_1，終了時刻を t_2，そのときの積分器の出力電圧を V_0，積分時定数を CR とすれば，

$$V_0 = -\frac{V_x}{CR}(t_2 - t_1) \tag{6.6}$$

である．クロックパルス数が N_1 になった時点でスイッチ S_1 を B 側，すなわち信号と逆極性の標準電圧に切り換え，引き続き積分値がゼロにもどるまで積分し，クロックパルスの計数を行う．積分値がゼロになったときの時刻を t_3，スイッチを切り換えてからのパルス数を N_2 とすれば，

$$V_0 + \frac{V_s}{CR}(t_3 - t_2) = 0 \tag{6.7}$$

$$\therefore V_x = \frac{t_3 - t_2}{t_2 - t_1} V_s = \frac{N_2}{N_1} V_s \tag{6.8}$$

となる．ディジタル・ボルトメータでは，これらの操作はすべて自動的に行われる．(6.8) 式によれば，測定値はパルス数の比と標準電圧値のみの関数であり，V_0 の値や，温度の影響を受けやすい C, R の値によらない．これは積分器の出力を検出器とした一種のゼロ位法になっているからである．また，パルス数の比は整数比であるため，整数の値を大きくしてやることにより精度をどんどん上げることができる．したがって，V_x と V_s を積分する際の積分器の特性が同じであるかぎり，精度は標準電圧 V_s のみに依存し，高精度の測定が可能になる．本方式のもう一つの利点は積分効果である．すなわち，本方式では測定波形を $t_2 - t_1$ にわたって積分するため，その時間範囲の平均値を測定していることになり，測定波形に重畳したランダム雑音や周期性の雑音は低減される (7.3 参照)．

　実際のディジタル・ボルトメータでは高入力インピーダンスの入力回路が積分器の前に挿入されているため，その入力インピーダンスはたとえば，10 MΩ，2 pF と高く，精度も 0.5% から 0.0002% のものまである．超高精度のものは毎月あるいは半年ごとに測定器自体の校正をする必要があり，表示された桁数の多い数字をそのまま信用しないことが肝要である．また，測定には 0.1 秒程度の時間がかかるため，時間的に変化する電圧の測定にはとくに注意を要する．

6.2.5　振動容量型電位計

　静電気の帯電圧の測定，金属や半導体の接触電位差の測定，絶縁物の電気的特性の測定などでは非接触で物体表面の電位を測定したい場合がある．このような測定を可能にしたのが**振動容量型電位計**である．図 6.17 はその原理図である．表面電位が V_x の物体があったとする．その上方に電極を配置し，その電極と物体表面の間でコンデンサを形成する．いま，電極を微小に振動させ，電極と物体

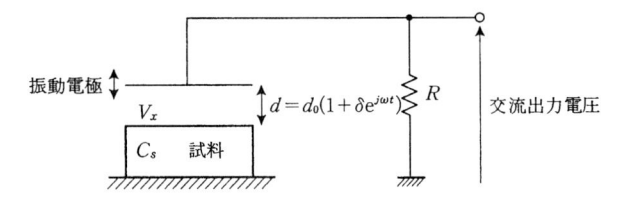

図 6.17 振動容量型表面電位計の原理図
振動容量型表面電位計によれば非接触で物体の表面電位を測定できる.

表面の間隔 d を
$$d = d_0(1 + \delta e^{j\omega t}) \quad (\delta \ll 1)$$
のようにすると，電極と物体間の容量 C は，電極面積を S として，
$$C = \frac{\varepsilon_0 S}{d_0(1 + \delta e^{j\omega t})} \simeq \frac{\varepsilon_0 S}{d_0}(1 - \delta e^{j\omega t}) = C_0(1 - \delta e^{j\omega t}) \tag{6.9}$$
となる．ここで
$$C_0 = \frac{\varepsilon_0 S}{d_0}$$
である．物体の容量を C_s とし，C_s と C の直列インピーダンスが抵抗 R に比べて十分に大きいとすれば，抵抗 R には交流電圧
$$V_R = \frac{j\omega C_s C_0}{C_s + C_0} \cdot \frac{C_s}{C_s + C_0} R V_x \delta e^{j\omega t} \tag{6.10}$$
が現れ，これは V_x に比例している．したがって，適当な校正を行うことにより，物体の表面電位を非接触で測定することができる．

振動容量型電位計は物体の表面電位の測定に用いられるほか，適当な入力抵抗を挿入することにより，超高入力インピーダンスの電位計として用いられる．

容量 C を振動させる方法として，間隔 d を変化させるほかに，物体と電極間に接地された導体板を挿入し，その挿入面積を変化させる方法もある．

6.2.6 静電型電圧計

コンデンサに電圧を加え，コンデンサの2つの電極にはたらく静電引力から電圧を測定することができる．このような電圧計を**静電型電圧計**という．図 6.18 はその原理図である．静電型電圧計は固定電極，可動電極，電極端の電界の乱れを防ぐためのガードリングなどからなっている．

電極間隔 d，面積 S の平行平板コンデンサに蓄えられているエネルギー W は，容量を C，電圧を V とすると

6.2 電圧の測定

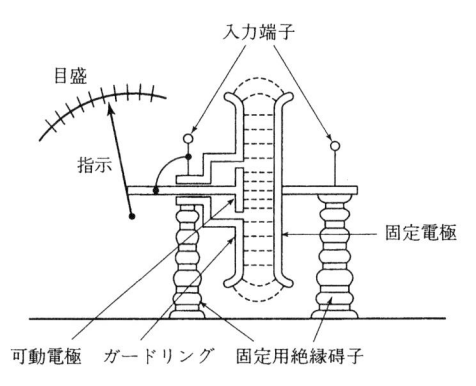

図6.18 静電型電圧計の原理図
静電型電圧計では電極間に働く静電力を指示の振れに変換する．

$$W = \frac{1}{2}CV^2 = \frac{\varepsilon_0 S}{2d}V^2 \tag{6.11}$$

である．したがって，電極間にはたらく力 F は

$$F = -\frac{dW}{dd} = -\frac{\varepsilon_0 S}{2d^2}V^2 \tag{6.12}$$

となり，電圧 V の2乗に比例した力がはたらく．したがって，この力をバネばかりの原理により指示の振れに変換すれば電圧計を実現できる．

静電型電圧計は，その振れが電圧の2乗に比例しているため，低い電圧に対しては感度が悪く 100 V 以上，最大 500 kV の高電圧の測定に用いられる．静電型電圧計は原理上，高入力インピーダンスであり，また，その振れが電圧の極性に依存しないため交直両用の電圧計として用いられる．

☆ **常識の逆転**

近年，マイクロマシン技術により従来よりも3桁ぐらいサイズの小さい素子をつくることができるようになっている．従来のサイズでは静電力は電磁力に比べて小さいが，マイクロセンサの世界ではこの大小関係は逆転し，静電力が電磁力にまさっている．静電型電圧計の原理はかつては高電圧の測定にしか用いることができなかったが，マイクロセンサでは 1 V 以下の低電圧でもこの原理を用いて測定することができる．このように，ある時代には使えなかった原理が周辺技術の発達により使えるようになることはしばしばある．その時代での利点，欠点にとらわれず，いろいろな測定原理を理解しておくことは重要である．

6.2.7 エア・ギャップ法

空気の絶縁破壊を利用した電圧測定法に**エア・ギャップ法**がある．本方法は図6.19に示すように，2つの導体間に電圧を印加し，火花放電開始電圧からその電圧を知るものである．火花放電開始電圧は導体間隔ならびに気圧の関数であり，放電開始によりおおよその電圧を知ることができる．本方法では電圧を正確に測定することは不可能であるが，測定法が簡便であるため，たとえば，絶縁破壊試験における電圧のモニタやガイスラー管と併用した真空度のチェックなどに用いられる．

6.2.8 電気光学効果を用いた方法

電界により，材料の複屈折率が変化する現象を**電気光学効果**(electro-optic effect)といい，1次の電気光学効果をポッケルス効果(Pockels effect)，2次の効果をカー効果(Kerr effect)という．電圧の測定は図6.20に示すように，直交した2つの偏光板の間に電気光学材料である結晶あるいはセラミックをおいてそれに電圧を印加し，この系を透過する光の強度を測定することにより行う．電気光学効果を用いた電圧測定は絶縁物で測定系を構成でき，また，電気的な雑音の影響も受けないことから，高電圧システムにおける計測や電磁界計測に有効に用いられる．

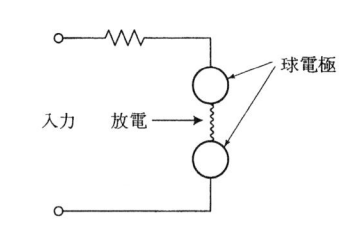

図6.19 エア・ギャップ法による電圧の測定

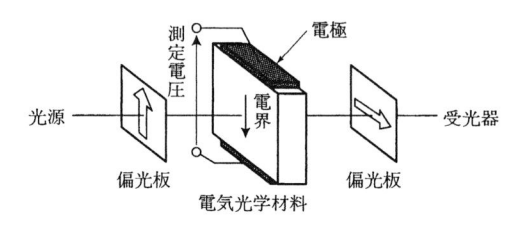

図6.20 電気光学効果を用いた電圧の測定
電気光学材料の複屈折率が電界に依存することを利用する．

6.3 電流の測定

6.3.1 指示計器

電圧測定の場合と同様に，指示計器(メータ)はもっとも簡便な電流測定器として用いられる．指示計器は原理的に電流計であり，そのまま電流を測定することができる．ただしコイルの巻線抵抗などがそのまま電流計の内部抵抗(入力抵抗)となり，その値は数Ωから数kΩあるので測定には注意を要する．大電流の測定には抵抗分流器が用いられる．

6.3.2 電位差測定による方法

値が既知の抵抗に電流を流し，その端子電圧を測定する方法は，単純ながら確実な電流測定法としてもっともよく用いられる．電圧測定には，指示計器，電位差計，ディジタル・ボルトメータなどが用いられる．

抵抗の値が未知の導体に流れている電流を，電位差測定により求める方法を図6.21に示す．本方法では電圧計のほかに，導体に外部から電流を流すための回路を図のように接続する．いま，求める電流を I_x とし，外部から流した電流が i であるとすると，測定される電位差 V_i は，抵抗を R として

$$V_i = (I_x + i)R \tag{6.13}$$

である．外部からの電流を逆向きにし，同様に測定を行えば

$$V_{-i} = (I_x - i)R \tag{6.14}$$

となり，両式から R を消去して

$$I_x = \frac{V_i + V_{-i}}{V_i - V_{-i}} i \tag{6.15}$$

が得られ，R が未知であっても導体に流れる電流を求めることができる．

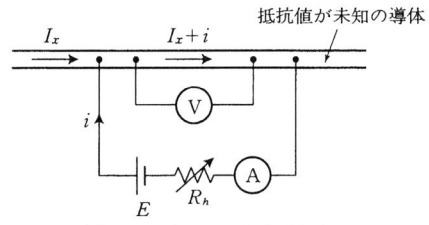

図 6.21　抵抗値が未知の導体を流れている電流の電位差計による測定

> ☼ **不可能を可能にする (2)**
> 　値が既知の抵抗の端子電圧を測定することによって，そこに流れている電流値を知る，というのが電位差測定による電流測定の原理である．そうであるとすると，値が不明の抵抗については本方法を用いることは一見不可能のように思える．しかし，ここで不可能であると判断する前に，この抵抗値を知る方法はないかどうかを考えることが重要である．ここまで思考が進めば，抵抗値を知る方法は容易に思いつくであろうし，抵抗値と電流値を未知数として両者を求める方法も考えつくことになる．工夫された測定原理を学ぶとき，その原理をただたどるばかりでなく，自分がなぜ最初にそれが不可能であると感じたかを思い直してみることが肝要である．

6.3.3　電子電流計

演算増幅器 (付録 B 参照) を用いると，入力インピーダンスがほぼゼロの理想的な電流計を実現することができる．図 6.22 はその回路図である．理想演算増幅器では，端子 2-3 間の電位差はゼロであり，端子 3 を接地すれば，端子 2 はゼロ電位となるから，端子 2 からみた入力インピーダンスがゼロとなる．本回路は演算増幅器のバイアス電流よりも十分大きい電流範囲 (μA 以上) および演算増幅器の利得の十分大きい周波数範囲 (数十 kHz 以下) で理想電流計として用いることができる．このような電流計を電子電流計という．

6.3.4　電流プローブ

導体に流れる電流を，その導体を切断することなしに測定できる測定器として**電流プローブ***(current probe) と呼ばれるものがある．これは電流によって導

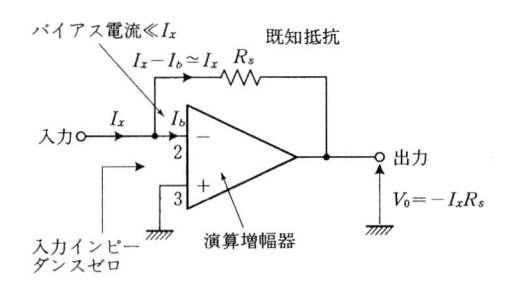

図 6.22　電子電流計の原理図
理想演算増幅器では 2-3 間の電位差がゼロになるように負帰還がかかるため，入力インピーダンスはゼロとなる．

---

*　電流プローブは**電流トランス** (current transformer, CT)，クリップオン電流計などとも呼ばれる．

体のまわりに発生する磁界を測定するもので,ホール素子型と変流器型がある.ホール素子型は図 6.23 (a) に示すように,導体のまわりにトロイダル磁心をおき,その磁心に取り付けられたホール素子により,導体のまわりの磁界を測定するものである.本方法によれば,直流電流も交流電流も測定可能である.ホール素子の磁界検出特性には温度依存性や非線形性があるため,図のように磁心に巻線を設け,ゼロ位法あるいは補償法により線形性を改善することが行われる.

変流器型は図 (b) に示すように,巻線により磁界を測定するもので,直流電流を測定することはできない.変流器型によれば 10 mA～100 A の電力線の電流測定が可能である.

6.3.5 熱電型計器

流れる電流をジュール熱に変換し,その熱を熱電対により電圧に変換して測定する方法が考えられる.このような計器を**熱電型計器**という.図 6.24 はその原理図である.熱線として白金,ニッケルなどが,熱電対としてクロメル(ニッケル-クロム合金)/コンスタンタン(銅-ニッケル合金)などが用いられる.熱電型

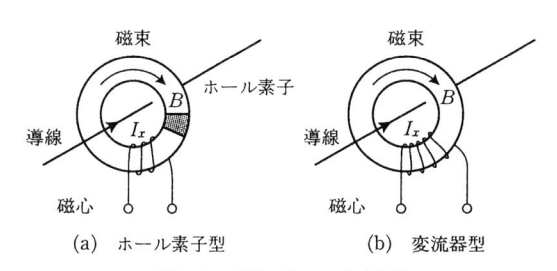

図 6.23 電流プローブの原理
電流プローブは電流が発生する磁界を測定する.

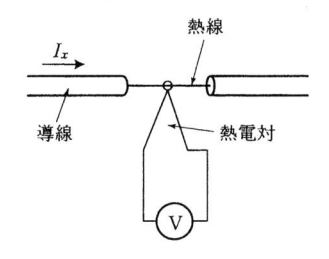

図 6.24 熱電型計器
熱電型計器では電流をジュール熱に変換し,それを熱電対で測定する.

計器では熱線と熱電対は一体となっており,低電流測定用のものは真空封入されている.測定範囲は1mA～数Aである.熱電型はその原理上,電流の実効値の2乗に対応した電圧が得られ,直流から数十MHzまでの広い周波数範囲で測定できるのが特徴である.また,ひずみ波の実効値も正確に測定することができる.

6.4 電荷の測定

導体に帯電した電荷量を測定するには,その電荷を放電させ,そのときの電流を積分して,

$$Q = \int_0^t i(t)dt \quad (6.16)$$

により求めるか,容量のわかっているコンデンサにその電荷を移し,そのときの電圧 V から

$$Q = CV \quad (6.17)$$

により求めればよい.では,後者の方法で図6.25のように,導体球に帯電した電荷量を測定することを考えてみよう.図(a)中の C_0 は既知の容量である.実際にこのような測定を行い,(6.17)式により電荷量を求めることはできない.なぜならば,図(b)のように,導体球とアースの間には必ず容量 C_s が存在するため,

$$Q = (C_s + C_0)V \quad (6.18)$$

となり,一般に C_s は測定しにくい量であるからである.したがって,電荷量を測定するには何らかの工夫が必要である.

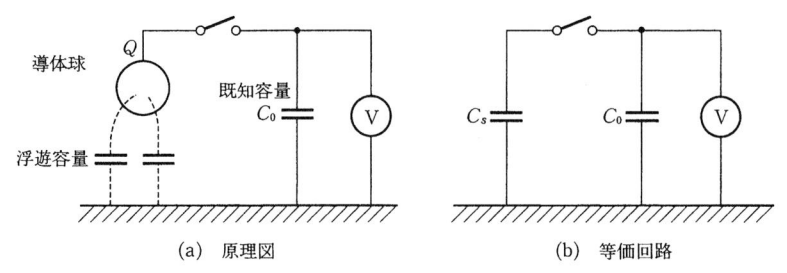

図6.25 理想電圧計による電荷の測定
C_s が未知のため Q の値を知ることができない.

6.4 電荷の測定

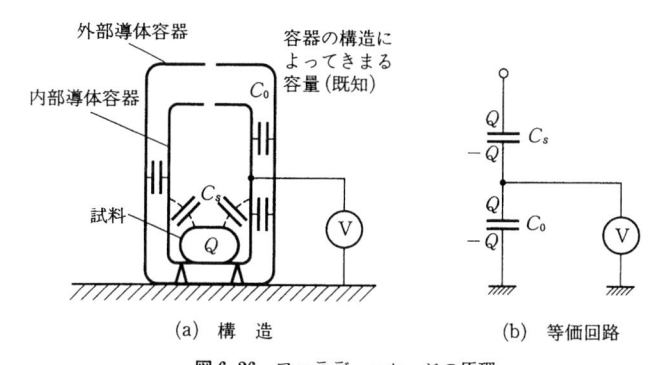

```
       外部導体容器
               容器の構造に
               よってきまる
   内部導体容器   容量(既知)
                C₀

         試料
          Cₛ
           Q

   (a) 構造           (b) 等価回路
```

図 6.26 ファラデー・ケージの原理
ファラデー・ケージでは試料-アース間の電気力線を静電シールドの原理により遮断する.

6.4.1 ファラデー・ケージ

ファラデー・ケージは静電シールドの原理を用いて，試料-アース間の電気力線を遮断し，(6.18)式の C_s を実効的にゼロにしようとするものである．図 6.26 にその原理図を示す．ファラデー・ケージは 2 重の導体容器であり，試料は内側の容器に挿入する．試料から出た電気力線はすべて内側の容器で終了し，さらに内側の容器と外側の容器間の電気力線によりコンデンサを形成する．これを電気回路的に等価回路で表せば図 (b) のようになる．内側の容器と外側の容器間の容量 C_0 は容器の幾何学的形状できまり一定であるから，あらかじめ C_0 を測定しておけば，内側の容器の電位を測定することにより電荷量を測定することができる．

6.4.2 チャージアンプ

センサの出力など，時間とともに変化する電荷量を測定する場合には**チャージアンプ** (charge sensitive amplifier) が用いられる．チャージアンプは演算増幅器応用回路の一種であり，その回路図は図 6.27 のように表される．理想演算増幅器では，端子 2-3 間の電位差はゼロであり，端子 3 を接地すれば，端子 2 はゼロ電位となる (付録 B 参照)．したがって，端子 2 を試料に接続すれば，試料に帯電した電荷は，試料の容量 C_s にかかわらず，すべて端子 2 に流れこむ．流れこんだ電流はすべて容量 C_0 を充電するのに用いられるから，演算増幅器の出力には

$$V_0 = -\frac{Q}{C_0} \tag{6.19}$$

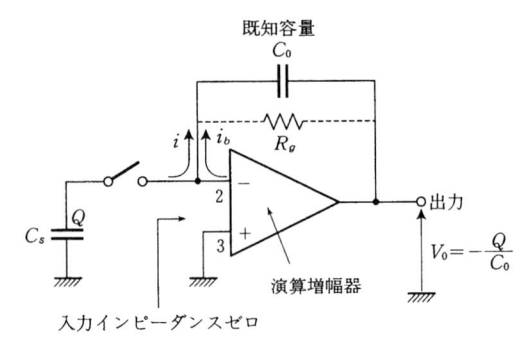

図 6.27 チャージアンプの原理
C_s に充電されていた電荷はすべて C_0 に流れこむ.

なる電圧が現れる．チャージアンプを用いた電荷測定は (6.16) 式による測定に対応する．現実の演算増幅器では端子 2 から流れ出すバイアス電流 i_b が C_0 を充電し，結果として測定値のドリフトとなるため，C_0 と並列にリーク抵抗 R_g が必要となり，測定周波数の下限を決定する．FET インプット型の演算増幅器ではバイアス電流は pA のオーダであり，0.1 Hz から 1 MHz の周波数範囲で電荷の測定が可能である．

6.5 抵抗，インピーダンスの測定

抵抗，インピーダンスの測定は，電圧の測定と並んで，電気・電子計測においてもっともよく行われる測定の一つである．これは，抵抗，インピーダンスそのものの測定に加え，抵抗線ひずみ計や抵抗線温度計などのように，測定量を抵抗やインピーダンスに変換する，インピーダンス変化型センサが電気・電子計測でよく用いられるからである．

抵抗，インピーダンスの測定の原理には，**オームの法則**を利用したもの，既知インピーダンスとの**比較**によるもの，共振現象を応用したものなどがある．以下，これらの測定法について考えてみよう．

6.5.1 電圧-電流法

電圧-電流法はオームの法則を利用したインピーダンス測定法である．オームの法則によれば，電圧 V，電流 I，インピーダンス Z の間には，

$$\dot{V} = \dot{I}\dot{Z} \tag{6.20}$$

なる関係があるから，$\dot{V}$ を一定として $\dot{I}$ を測定するか，$\dot{I}$ を一定として $\dot{V}$ を測定するか，あるいは $\dot{V}$ と $\dot{I}$ の両方を測定すれば，インピーダンス $\dot{Z}$ の値を求めることが原理的に可能である．しかし，現実には，電圧計，電流計には入力インピーダンスが存在し，また，電源には電源インピーダンスが存在するため，これに対して特別の配慮が必要である．

図 6.28 は電圧源を用いた抵抗の測定例である．V_s は電源抵抗が無視できる電圧源，r_a は電流計の内部抵抗（入力抵抗）である．図から明らかなように，本測定では r_a が既知であるか，$r_a \ll R_x$ であることが必要である．

図 6.29 は電流源を用いた抵抗の測定例である．I_s は電源抵抗が無限大の電流源，r_v は電圧計の入力抵抗である．この場合は r_v が既知であるか，$r_v \gg R_x$ であることが必要であるが，電子電圧計ではその入力抵抗を $10^6\,\Omega$ 以上に，また，フィードバック回路を用いた電流源では電源抵抗を $10^8\,\Omega$ 以上にすることは比較

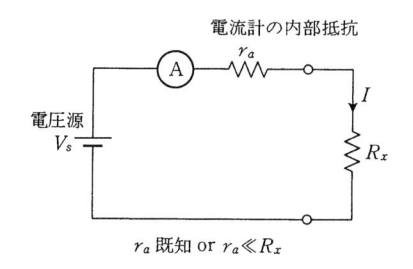

図 6.28 電圧源を用いた抵抗測定
未知抵抗に一定の電圧を印加し，そのときの電流を測定する．

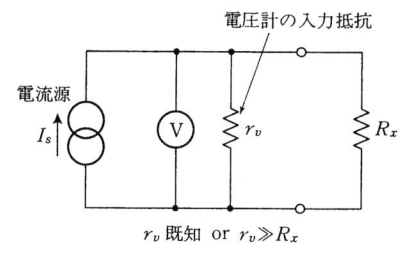

図 6.29 電流源を用いた抵抗測定
未知抵抗に一定の電流を流し，端子電圧を測定する．

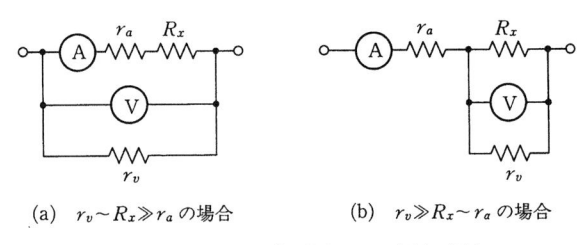

(a) $r_v \sim R_x \gg r_a$ の場合　　(b) $r_v \gg R_x \sim r_a$ の場合

図 6.30　電圧計と電流計を用いた抵抗の測定

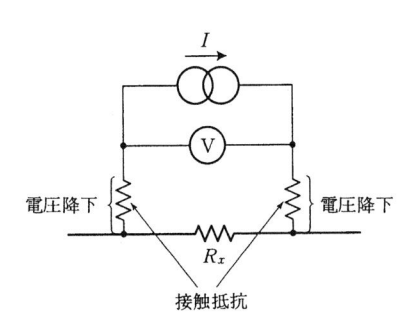

図 6.31　抵抗測定における接触抵抗の影響
電流源の接続点における接触抵抗により電圧降下が生じる.

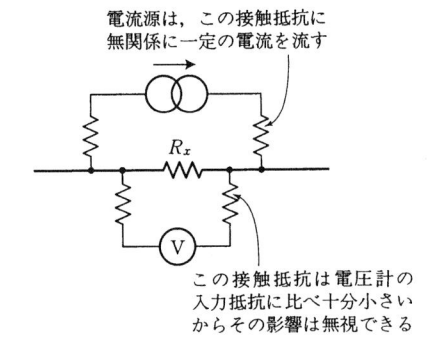

図 6.32　4 極法による抵抗測定の原理
4 極法によれば接触抵抗の影響を回避できる.

的容易であり，本方法は抵抗変化型のセンサの出力測定などに適している.

図 6.30 は電圧計と電流計を用いた抵抗の測定例である．図 (a) は r_a が R_x に比べて十分小さく，電流計による電圧降下が無視できる場合の測定法であり，図 (b) は，電圧計の入力抵抗 r_v が R_x に比べて十分大きく，電圧計に流れる電流が無視できる場合の測定法である.

図 6.31 は抵抗に電流を流して抵抗値を測定する回路の例である．この回路はきわめて常識的な回路のように思えるが，電流の流入端子における接触抵抗が測定誤差や雑音の原因となり，うまくいかない場合が多い．図 6.32 はこの問題を解決するための重要な手法であり，**4 極法**と呼ばれる．本方法では，電流の流入端子と電圧の測定端子を同一にせず，電圧の測定端子を内側に設けているのが特徴である．4 つの端子にはそれぞれ同じように接触抵抗が存在するが，電流の流入端子では接触抵抗の値に比べ電流源抵抗が十分大きければ，接触抵抗にかかわらず一定の電流が流れ，一方，電圧の測定端子では電圧計の入力抵抗が接触抵抗に比べ十分大きければ接触抵抗による電圧降下は無視することができる．4 極法

は，低抵抗の測定や薄膜の抵抗測定などでとくに有効に用いられる．

> ☆ **4極法の原理を応用した遠隔計測**
> 　抵抗変化型のセンサを遠方に設置して測定しようとすると，センサと測定器間にケーブルの抵抗が直列に加わることになる．このケーブルの抵抗はケーブルの温度や張力によって変化するから測定の際問題になる．いま，4極法における接触抵抗をケーブルの抵抗に置き換えて考えれば，4本のケーブルを用いることによりこの問題を解決できることがわかる．このように，ある原理を学ぶとき，その外面的な形状にとらわれず，その本質を理解すれば，その原理がいろいろなところに応用可能なことがわかる．

高抵抗率の物質の抵抗を電圧-電流法で測定する場合，図6.33に示すように，水分の吸着などに起因する表面電流が無視できない場合がある．このような場合には，図6.34に示す**ガードリング**(guard ring)が有効である．本手法は，電極を囲むようにもう一つの電極(ガードリング)を設け，それを内側の電極と同電

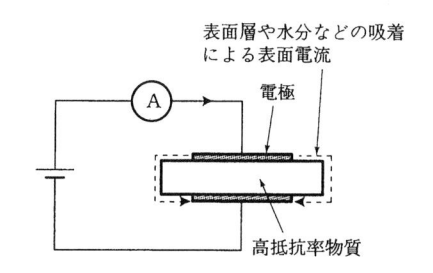

図6.33　高抵抗測定における表面電流の影響

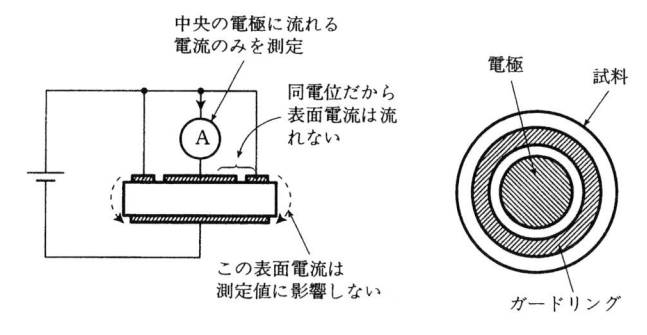

図6.34　ガードリングを用いた抵抗測定
ガードリングにより表面電流の影響を回避できる．

位にすることにより，表面電流が流れるのを防ぐ一方，中央の電極に流れる電流のみを測定するものである．ガードリングは絶縁体の抵抗率測定などのほか，サンプル・ホールド回路，積分回路など漏れコンダクタンスが問題になる回路でよく用いられる．

6.5.2 ベクトル・インピーダンス・メータ

交流において電圧-電流法を適用したものに，**ベクトル・インピーダンス・メータ**がある．ベクトル・インピーダンス・メータは，図 6.35 に示すように，未知のインピーダンス $\dot{Z}_x$ と標準抵抗 R_s を直列に接続し，それらの端子電圧を高入力インピーダンスの電子電圧計で測定することにより $|\dot{Z}_x|$ と $\angle \dot{Z}_x$ を求めるものである．いま，回路に交流電流 $\dot{I}$ を流し，そのときの $\dot{Z}_x$ と R_s の端子電圧をそれぞれ $\dot{E}_z, \dot{E}_R$ とすると

$$\dot{E}_z = \dot{Z}_x \dot{I}, \qquad \dot{E}_R = R_s \dot{I}$$

であるから，

$$\dot{Z}_x = \frac{\dot{E}_z}{\dot{E}_R} R_s \tag{6.21}$$

となり，$|\dot{Z}_x|$ と $\angle \dot{Z}_x$ は，

$$\left. \begin{array}{l} |\dot{Z}_x| = \left| \dfrac{\dot{E}_z}{\dot{E}_R} \right| R_s \\ \angle \dot{Z}_x = \angle \dot{E}_z - \angle \dot{E}_R \end{array} \right\} \tag{6.22}$$

により求めることができる．ベクトル・インピーダンス・メータは簡単な取り扱いで高精度のインピーダンス測定を行うことができる．なお，位相差の測定法については 7.2.5 で述べる．

6.5.3 抵 抗 計

オームの法則を利用した抵抗測定法に**抵抗計**を用いた方法がある．本方法はテ

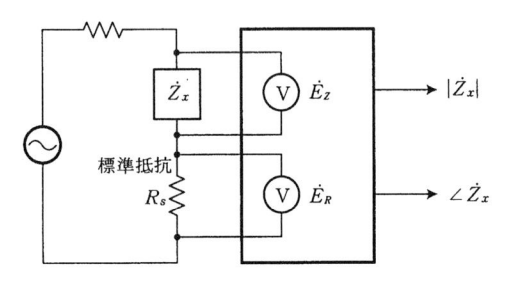

図 6.35 ベクトル・インピーダンス・メータの構成

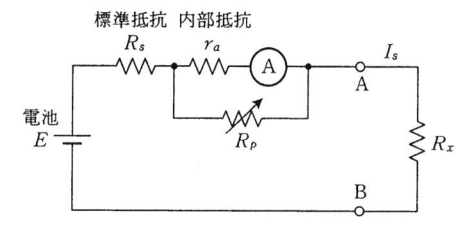

図 6.36 抵抗計の原理
抵抗計では E の値に無関係に電流計のみで抵抗値を簡便に測定できる.

スタに用いられている簡易抵抗測定法である.電池と指示計器を用いて,図 6.28 の原理で抵抗測定を行おうとする場合,電池の電圧が一定でなく時間とともに変化することが問題になる.かといって,電圧と電流の双方を測定するのでは,測定が煩雑になるうえに抵抗値の直読が不可能になる.これらの問題に対して工夫されたものが抵抗計である.図 6.36 に原理図を示す.R_x は未知の抵抗,R_s は標準抵抗,r_a は電流計の内部抵抗,R_p は電流調整のための可変抵抗,E は電池の電圧である.測定では,まず,端子 AB を短絡して電流計の読みが I_0 になるように,可変抵抗 R_p を調整する.このとき,

$$I_0 = \frac{E}{R_s + \dfrac{R_p r_a}{R_p + r_a}} \cdot \frac{R_p}{R_p + r_a} \tag{6.23}$$

である.次に,端子 AB に R_x を接続し,電流 I_s を測定すれば

$$I_s = \frac{E}{R_x + R_s + \dfrac{R_p r_a}{R_p + r_a}} \cdot \frac{R_p}{R_p + r_a} \tag{6.24}$$

となる.これから,

$$R_x = \frac{E}{I_s} \cdot \frac{R_p}{R_p + r_a} - \frac{R_p r_a}{R_p + r_a} - R_s$$

となり,(6.23)式を用いて E を消去すれば

$$R_x = \left[\frac{I_0}{I_s} - 1\right]\left[R_s + \frac{R_p r_a}{R_p + r_a}\right]$$

となる.R_p は E の関数であるが,$R_p \gg r_a$ であれば,さらに

$$R_x \simeq \left[\frac{I_0}{I_s} - 1\right](R_s + r_a) \tag{6.25}$$

となり,I_0/I_s を測定することにより,E の値に無関係に R_x を測定することが

できる．いま，メータの目盛りを $I=I_0$ のときゼロ，$I=0$ のとき無限大，$I=I_0/2$ のとき R_s+r_a と目盛っておけば R_x を直読することができる．本方法では電流の比の値を測定するため，メータの絶対感度に測定値が影響されないことも特徴の一つである．

6.5.4 電位差計法

電位差計法は既知の抵抗との比較により，高精度で抵抗値を測定する方法である．図6.37にその原理図を示す．未知の抵抗 R_x と標準抵抗 R_s を図のように直列に接続し，それに一定の電流を流す．そのとき，R_x と R_s の端子電圧を電位差計で測定し，その測定値が E_x, E_s であったとすれば，R_x は

$$R_x = \frac{E_x}{E_s} R_s \tag{6.26}$$

により，電流に無関係に電位差の測定値の比として求めることができる．抵抗の接続と電位差の測定に6.5.1で述べた4極法を用い，さらに，熱起電力に対する対策として，電流を正逆2方向に流し両者の平均をとることにより，高精度の抵抗測定を行うことができる．本測定法のポイントは電位差測定の際に電位差計に流れる電流が無視できることである．電位差測定は電位差計のほかに，高精度，高入力インピーダンスのディジタル・ボルトメータが有効である．

6.5.5 ブリッジ

既知インピーダンスとの比較によりインピーダンスを測定する方法としてよく用いられるのは，**ブリッジ**(bridge)を用いた方法である．ブリッジとしては，4辺ブリッジのほか，変成器ブリッジやアクティブ・ブリッジなどがある．

a. 4辺ブリッジ 図6.38は**4辺ブリッジ**の回路図である．4辺ブリッジでは，インピーダンス $\dot{Z}_1, \dot{Z}_2, \dot{Z}_3, \dot{Z}_4$ を図のように接続し，A, Bに電源，C, Dに検

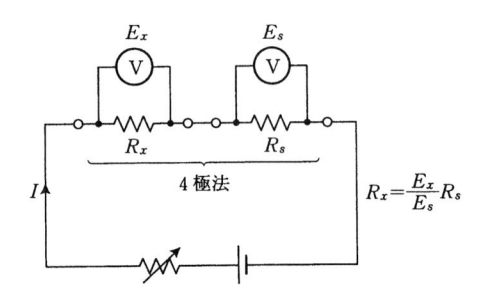

図 6.37 電位差計法による抵抗の測定

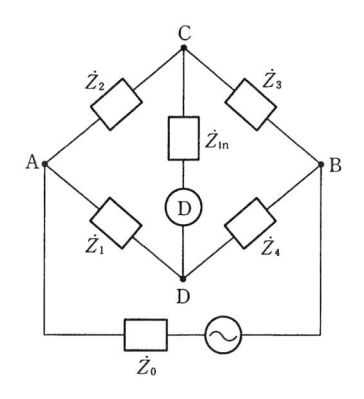

図6.38 4辺ブリッジの回路図
A-B間に電源を接続し，C-D間で検出する．

出器を接続する．$\dot{E}$ は電源電圧，$\dot{Z}_0$ は電源インピーダンス，$\dot{Z}_{\mathrm{In}}$ は検出器の入力インピーダンスである．検出器は電圧計でも電流計でもよい．いま，$\dot{Z}_1$, $\dot{Z}_2$, $\dot{Z}_3$, $\dot{Z}_4$ を調整して，C点とD点が等電位，すなわち，検出器の出力がゼロになったとき，Z_0, Z_{In}, E に無関係に次の式が成立する．

$$\dot{Z}_1\dot{Z}_3 = \dot{Z}_2\dot{Z}_4 \tag{6.27}$$

このような状態をブリッジが**平衡**(balance)したという．したがって，このときたとえば，$\dot{Z}_2\dot{Z}_4/\dot{Z}_3$ が既知であれば，$\dot{Z}_1$ を知ることができる．(6.27)式を書き直すと，

$$\left.\begin{array}{l}\mathrm{Re}\{\dot{Z}_1\dot{Z}_3\}=\mathrm{Re}\{\dot{Z}_2\dot{Z}_4\}\\ \mathrm{Im}\{\dot{Z}_1\dot{Z}_3\}=\mathrm{Im}\{\dot{Z}_2\dot{Z}_4\}\end{array}\right\} \tag{6.28}$$

あるいは，

$$\left.\begin{array}{l}|\dot{Z}_1||\dot{Z}_3|=|\dot{Z}_2||\dot{Z}_4|\\ \angle\dot{Z}_1+\angle\dot{Z}_3=\angle\dot{Z}_2+\angle\dot{Z}_4\end{array}\right\} \tag{6.29}$$

となり，ブリッジが平衡するためには，(6.28)式か(6.29)式の2つの条件を満足する必要があることがわかる．平衡状態では検出器の入力インピーダンス $\dot{Z}_{\mathrm{In}}$ は影響しないので以下の回路では $\dot{Z}_{\mathrm{In}}$ は省略することにする．

<u>ホイートストン・ブリッジ</u>： 4辺がすべて抵抗であるブリッジを**ホイートスト**

ン・ブリッジ (Wheatstone bridge) という．図6.39において，平衡条件は

$$R_x = \frac{B}{A} R_s \tag{6.30}$$

である．したがって，R_s を連続的に可変とし，B/A を $1, 10, 100, \cdots$ のように切り換えるようにすれば，広い範囲の抵抗値を測定することができる．

ホイートストン・ブリッジは抵抗値の測定のほかに，抵抗変化型のセンサ出力の検出に頻繁に用いられる．たとえば，いま，R_x を抵抗変化型のセンサとし，測定対象である物理量 p によって $R_x = R + \Delta R(p)$ のように変化するものとする．電圧-電流法などの通常の抵抗測定では，変化分 $\Delta R(p)$ が R に比べ小さい

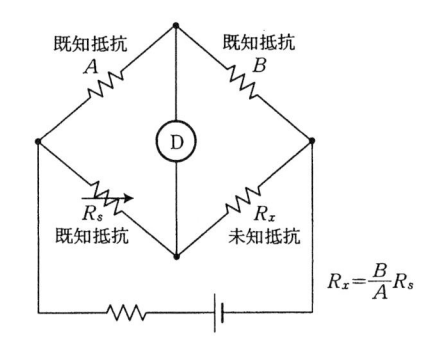

図6.39 ホイートストン・ブリッジ

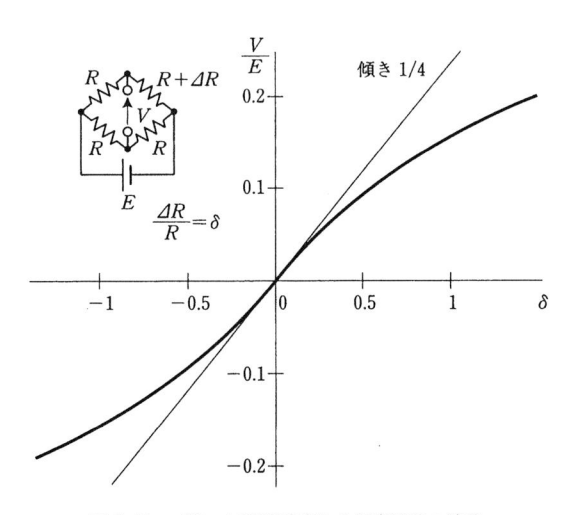

図6.40 ブリッジ型抵抗変化分測定回路の特性

と，測定誤差や雑音により測定の分解能が制限されてしまう．これに対しホイートストン・ブリッジでは，他の辺の抵抗がすべて R であるとすれば，入力抵抗が無限大の検出器に観測される電圧 V は

$$V=\left[\frac{R+\Delta R}{2R+\Delta R}-\frac{1}{2}\right]E=\left[\frac{1+\delta}{2+\delta}-\frac{1}{2}\right]E=\frac{1}{2}\frac{\delta}{2+\delta}E \tag{6.31}$$

となる．ここで $\delta=\Delta R/R$ である．このようにホイートストン・ブリッジでは，検出器には R_x の変化率のみに対応する電圧が観測される．したがって，ある初期条件において，A, B, R_s のいずれかを調整して検出器の電圧をゼロにしておけば，その条件からの R_x の変化率を観測することができる．(6.31)式によれば，δ と V の関係は直線ではなく，図6.40のようになる．平衡状態すなわち $\delta=0$ のとき感度は最大であり，

$$V\simeq\frac{\delta}{4}E \tag{6.32}$$

となる．

R_x が測定対象の物理量 p のほかに，たとえば，温度によって変化するときは，R_x と同じ温度環境にあり，p が変化しないようにしたもう一つのセンサを B と置き換えることにより，温度補償を行うことができる．

交流ブリッジ： 電源に交流を，また各辺にインピーダンスを用いた**交流ブリッジ**は，インピーダンスの測定に用いられる．交流ブリッジでは，ホイートストン・ブリッジなどの直流ブリッジと異なり，次の事項に注意する必要がある．まず，電源に交流を用いることから，ブリッジ各部の浮遊容量や浮遊インダクタン

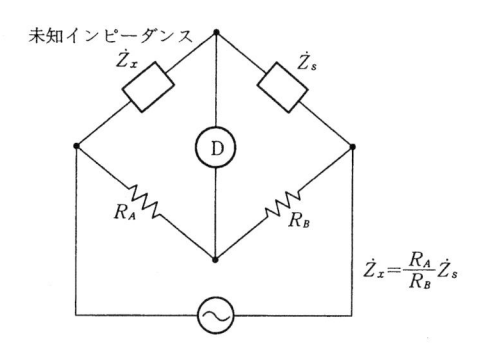

図6.41 抵抗辺が隣り合った交流ブリッジ
$\dot{Z}_s$ に比例したインピーダンスが測定される．

ス，すなわち静電誘導や電磁誘導が問題になる．したがって，各所に適切な静電シールド，電磁シールドなどの対策を施す必要がある．また，平衡条件が周波数に依存するブリッジもあり，その場合には電源の周波数安定度が問題になる．

図6.41はよく用いられる交流ブリッジの例である．本回路では抵抗R_A, R_Bが隣り合って配置されており，$\dot{Z}_s$を標準インピーダンスとすれば，未知インピーダンス$\dot{Z}_x$は

$$\dot{Z}_x = \frac{R_A}{R_B}\dot{Z}_s \tag{6.33}$$

により求められる．これを書き直せば

$$\left. \begin{array}{l} |\dot{Z}_x| = \dfrac{R_A}{R_B}|\dot{Z}_s| \\ \angle \dot{Z}_x = \angle \dot{Z}_s \end{array} \right\} \tag{6.34}$$

となる．すなわち，$\dot{Z}_s$がインダクタンスであればインダクタンスの，容量であれば容量の測定を行うことができる．

図6.42は抵抗が向かい合った辺に配置されているブリッジである．この場合，

$$\dot{Z}_x = \frac{R_A R_B}{\dot{Z}_s}$$

すなわち，

$$\left. \begin{array}{l} |\dot{Z}_x| = \dfrac{R_A R_B}{|\dot{Z}_s|} \\ \angle \dot{Z}_x = -\angle \dot{Z}_s \end{array} \right\} \tag{6.35}$$

となり，$\dot{Z}_s$がインダクタンスであれば容量の，容量であればインダクタンスの

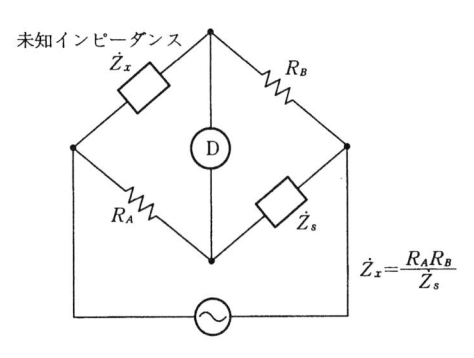

図6.42 対角辺が抵抗の交流ブリッジ
$\dot{Z}_s$がインダクタンスであれば容量の，容量であればインダクタンスの測定を行うことができる．

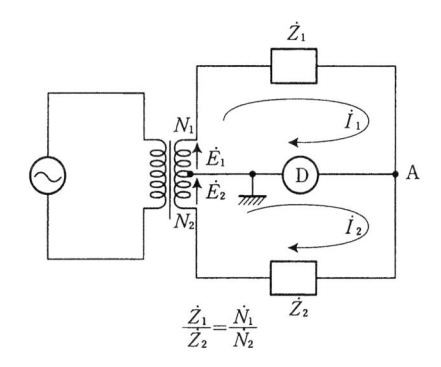

図 6.43 変成器ブリッジの原理図
$\dot{Z}_1$ と $\dot{Z}_2$ の関係は変成器の巻線比のみで定まるので安定した測定が可能である．

測定を行うことができる．

b. 変成器ブリッジ　　トランス（変成器）を用いたブリッジを**変成器ブリッジ**という．図 6.43 は変成器ブリッジの原理図である．いま，ブリッジが平衡状態にあり，検出器に流れる電流がゼロであるとすると，$\dot{I}_1 = \dot{I}_2$，すなわち

$$\frac{\dot{E}_1}{\dot{Z}_1} = \frac{\dot{E}_2}{\dot{Z}_2}$$

である．変成器の巻数を N_1, N_2 とすれば，$\dot{E}_1, \dot{E}_2$ は同位相であるから，

$$\frac{\dot{E}_1}{\dot{E}_2} = \frac{N_1}{N_2}$$

である．したがって，

$$\dot{Z}_1 = \frac{N_1}{N_2} \dot{Z}_2 \tag{6.36}$$

となり，$\dot{Z}_1$ と $\dot{Z}_2$ の関係は変成器の巻線比のみで定まる．変成器の巻線比は温度，湿度などの環境に依存せず，また，経年変化もないことから，安定した測定が可能である．また，変成器ブリッジでは，インピーダンス $\dot{Z}_1, \dot{Z}_2$ からみた変成器のインピーダンスは十分に小さく，さらに，平衡状態では A 点の電位はゼロであるから，浮遊インピーダンスの影響を受けないのが特徴である．

c. アクティブ・ブリッジ　　演算増幅器などの能動素子を用いたブリッジを**アクティブ・ブリッジ**（active bridge）という．アクティブ・ブリッジによれば簡便かつ，広い周波数範囲にわたり高精度のインピーダンス測定が可能であり，多くのインピーダンス・メータに用いられている．

図 6.44 はその基本回路である．本回路では能動素子として，利得が 1 および -1 の増幅器が用いられている．増幅器の出力インピーダンスは無視できるほど小さい．いま，ブリッジが平衡状態にあれば，検出器に流れる電流はゼロであるから，

$$\dot{I}_s = \dot{I}_x$$

であり，これから

$$\frac{\dot{E}}{\dot{Z}_x} = \frac{\dot{E}}{\dot{Z}_s}$$

すなわち，

$$\dot{Z}_x = \dot{Z}_s \tag{6.37}$$

となる．アクティブ・ブリッジでは，変成器ブリッジの場合と同様に，$\dot{Z}_x, \dot{Z}_s$ 側からみた増幅器のインピーダンスと検出器のインピーダンスは十分に小さいため，測定値が雑音や浮遊インピーダンスの影響を受けにくい．

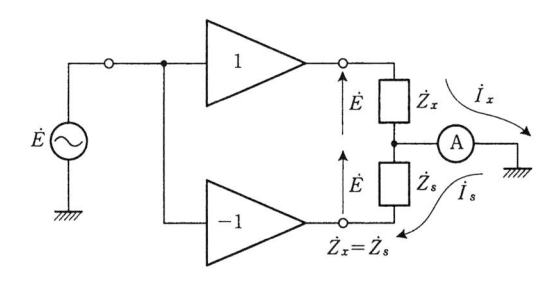

図 6.44 アクティブ・ブリッジの基本回路
$\dot{Z}_x, \dot{Z}_s$ からみたインピーダンスが十分に小さく，浮遊容量が影響しない．

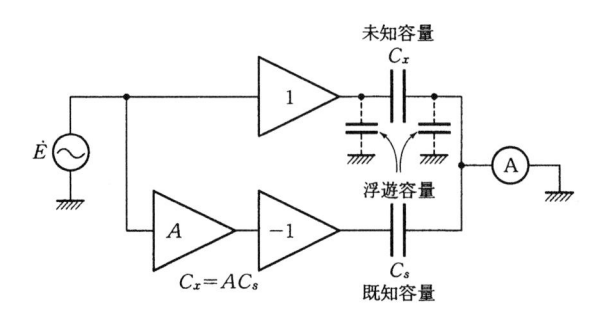

図 6.45 容量測定のためのアクティブ・ブリッジ
増幅度 A を調整して C_x を測定する．

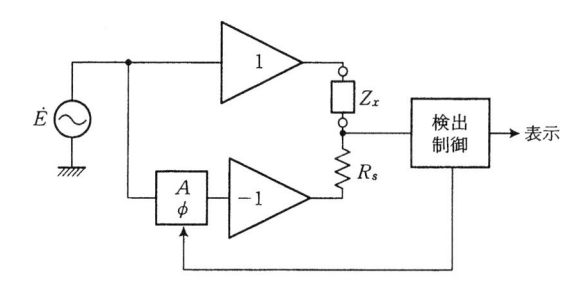

図 6.46 任意のインピーダンス測定のためのアクティブ・ブリッジ
平衡がとれるように自動的に A, ϕ を制御する．

図 6.45 は容量を測定するための回路である．本回路では -1 倍の増幅器の前段に A 倍の増幅器が挿入されており，
$$C_x = AC_s$$
により，容量を求めることができる．

図 6.46 は任意のインピーダンスを測定するための回路である．本回路では標準インピーダンスとして純抵抗を用い，-1 倍の増幅器の前段に振幅と位相の制御回路が挿入されている．この振幅と位相は検出器の出力がゼロになるように自動的に調整される．

6.5.6 Q メータ

共振現象を利用してインピーダンスの値を求めることができる．そのような測定器の一つとして **Q メータ**がある．図 6.47 はその原理図である．いま，インダクタンス L と抵抗 R の直列で表されるインピーダンス Z があったとき，それに可変コンデンサ C を直列に接続し C の値を変化させると，ある周波数で直列共振現象が観測される．このときの周波数 ω_0 は

$$\omega_0 = \frac{1}{\sqrt{LC}} \tag{6.38}$$

で与えられる．ここで，

$$Q_L \equiv \frac{\mathrm{Im}\{Z\}}{\mathrm{Re}\{Z\}} = \frac{\omega_0 L}{R} \tag{6.39}$$

はコイルの **Q** (quality factor) と呼ばれ，共振の鋭さを表す．たとえば，$R=0$ であれば共振は無限に鋭く，$\omega=\omega_0$ において回路に無限大の電流が流れる．このとき $Q_L = \infty$ である．R が有限であれば，回路に流れる電流 I は

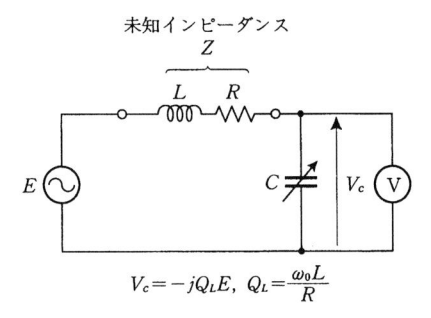

図6.47 Qメータの原理図
Qメータは L, C, R 直列共振現象を利用してインピーダンスを測定する．

$$I = \frac{E}{R} = \frac{Q_L}{\omega_0 L} E \tag{6.40}$$

となり，C に現れる端子電圧 V_C は

$$V_C = \frac{1}{j\omega_0 C} \frac{Q_L}{\omega_0 L} E = j\omega_0 Q_L E \tag{6.41}$$

となって，E の Q_L 倍の電圧が観測されることになる．したがって，E が既知であれば，V_C から Q_L が測定でき，一方，ω_0 から (6.38) 式により，L と C の関係が得られるから，たとえば，C として可変の標準コンデンサ C_s を用いて同調をとった場合

$$\left.\begin{array}{l} L = \dfrac{1}{\omega_0^2 C_s} \\[2mm] R = \dfrac{1}{\omega_0 C_s Q_L} \end{array}\right\} \tag{6.42}$$

により，未知のインダクタンスとその実効抵抗を測定することができる．

実際のQメータでは，これらの関係式を用いて，インダクタンスのほかに，抵抗や容量の値を測定することができる．Qメータによる測定は，一般に 50 kHz～100 MHz の周波数範囲で行われる．

7. 信 号 処 理

　前章では，電圧，電流，電荷といった電磁気学的な物理量の測定方法について述べた．しかし，そのようにして得られたデータがそのまま計測の目的に合った量であるとは限らない．また，得られたデータには測定誤差や雑音が必ず混入している．したがって，計測では，測定によって得られた生データから，計測の目的に合ったパラメータを抽出するための信号処理が必要になる．本章では，電気・電子計測で用いられる基本的な信号処理法について考えていくことにする．

7.1　誤　　　差

　測定には必ず**誤差**(error)がともなう．この誤差は，たんに測定値のずれとしてばかりではなく，電気・電子計測においていろいろな影響を及ぼす．たとえば，抵抗器を製造しているメーカーで，ある抵抗測定器を用いて製品の抵抗値のチェックを行っているとしよう．ここでは，ある基準値 ±5%の製品を合格とし，それ以外は不合格としていることにする．もし，用いている抵抗測定器に±1%の誤差があったとすれば，測定値が基準値 ±4%の製品を合格としなければならない．ところが，測定器はつねに 1%の誤差があるわけではないから，不合格とした製品の何割かは本当は合格品であることになる．したがって，精度の悪い測定器を用いて品質管理を行うことはコストの上昇をまねくことになる．しかし，より精度の高い測定器を用いれば今度はその測定器自体のコストが高くなるから，ある適切な精度というものが存在することになる．このように，計測においては，誤差は計測の目的にいろいろな影響を及ぼすため，その性質を十分に理解しておく必要がある．

　いま，測定値を M，真の値を T とすると，**絶対誤差**(absolute error) ε は

$$\varepsilon \equiv M - T \qquad (7.1)$$

で定義される．また，ε/T を**相対誤差**(relative error)または**誤差率**という．(7.1)式において真の値 T は知ることができないから，ε は求めることはできず，誤差は架空の値であることがわかる．しかし，考えている測定器よりもはるかに精度の良い測定器による値と比較すれば，近似的に誤差を求めることは可能である．

7.1.1 誤差の種類

誤差には次のような種類がある．

a. 系統誤差 　系統誤差(systematic error)とは，何度測定してもつねにある一定の傾向で現れる誤差であり，その原因として次のようなものがある．

器差： いわゆる測定器のくるいであり，測定器を変えたり，測定レンジを切り換えたりした場合よく現れる．器差は適切な校正を行うことにより補正することが可能である．注意しなければならないものに，ディジタル計器における量子化誤差がある．これは，連続的なアナログ信号を離散的なディジタル信号に変換することにより生ずるものである．とくにディジタル表示の最小桁は機器によって，切り捨てたり，切り上げたり，その処理方法がまちまちであり，ものによっては正負非対称になるものもある．このため，ディジタル計器の最小桁は用いないか，その処理方法を十分知ったうえで用いる必要がある．

環境誤差： 温度や湿度の変化にともなう誤差をいう．たとえば，20℃で校正された計器を 30℃ で用いれば，計器内の部品の熱膨張や半導体素子の温度特性などのために，ある一定の誤差を生ずる．したがって，測定では，測定中の環境が校正時の環境と同一であり，かつ時間的に変化しないように注意する必要がある．とくに，計測器の電源投入直後は熱平衡状態にはないため環境誤差が大きく現れ，かつそれが変動するので注意を要する．このため，電子計測器では，一定の予熱時間が必要な場合が多い．

個人誤差： 個人誤差はアナログ計器などで，その数値の読み取りや操作方法が人によって異なるため生ずる誤差である．個人誤差は，測定器の自動化やディジタル化によりなくすことができる．また，複数人で測定を行うのも対策の一つである．

b. 過失誤差 　過失誤差は測定者の読みまちがいや操作ミスなどの過失

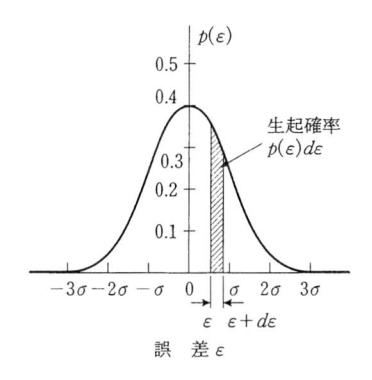

図7.1 ガウスの確率密度関数
偶然誤差は大きいものほどその生起確率が小さい.

(mistake)により生ずる誤差であり，その発生を予測したり，事後に確かめたりすることは比較的困難である．過失誤差の発生を予防するには，測定者に熟練者を選ぶこと，複数人で測定すること，測定手順のチェックを行う手段を考えることなどがある．また，データをたとえばすべて偶数で表示するとか，アルファベットを規則的に併記するとかして，データの表示に，ある規則性を持たせ，ありえないデータを検出する方法も有効である．

c. 偶然誤差 偶然誤差(accidental error)は特定できない多数の原因やランダム雑音などの影響により発生する誤差である．偶然誤差は大きいものほどその生起確率が小さく，ガウス雑音と同様にガウス分布に従うといわれている．すなわち，大きさが$[\varepsilon, \varepsilon+d\varepsilon]$の範囲にある誤差が発生する確率$p(\varepsilon)d\varepsilon$は

$$p(\varepsilon)d\varepsilon = \frac{1}{\sqrt{2\pi}\sigma}\exp\left[-\frac{\varepsilon^2}{2\sigma^2}\right]d\varepsilon \tag{7.2}$$

で与えられる．これを**ガウスの誤差法則**という．$p(\varepsilon)$は**確率密度関数**と呼ばれ，図7.1に示す形をしており，確率$p(\varepsilon)d\varepsilon$は図中の斜線部の面積に対応する．$\sigma$は標準偏差である．

7.1.2 誤差伝播の法則

複数の測定値$x_1, x_2, \cdots, x_n$からある目的量yを求めるとき，個々の測定誤差のyに対する寄与を考える．いま，

$$y = f(x_1, x_2, \cdots, x_n) \tag{7.3}$$

であるとすると，yの標準偏差σ_yは，$x_1, x_2, \cdots, x_n$の標準偏差を$\sigma_{x1}, \sigma_{x2}, \cdots, \sigma_{xn}$

として

$$\sigma_y{}^2 = \sigma_{x1}{}^2\left[\frac{\partial f}{\partial x_1}\right]^2 + \sigma_{x2}{}^2\left[\frac{\partial f}{\partial x_2}\right]^2 + \cdots + \sigma_{xn}{}^2\left[\frac{\partial f}{\partial x_n}\right]^2 \qquad (7.4)$$

で与えられる．これを**誤差伝播の法則**という．

たとえば，$W=I^2R$ により電流と抵抗の測定値から電力を求めようとする場合，

$$\frac{\partial f}{\partial I} = 2IR = \frac{2W}{I}, \qquad \frac{\partial f}{\partial R} = I^2 = \frac{W}{R}$$

であるから，

$$\sigma_w{}^2 = \sigma_I{}^2\left[\frac{2W}{I}\right]^2 + \sigma_R{}^2\left[\frac{W}{R}\right]^2$$

$$\therefore \ \left[\frac{\sigma_w}{W}\right]^2 = \left[\frac{2\sigma_I}{I}\right]^2 + \left[\frac{\sigma_R}{R}\right]^2 \qquad (7.5)$$

となる．(7.5)式は電流の誤差の寄与が抵抗の誤差の寄与の2倍であることを表している．測定においては(7.4)式の右辺の各項が等しいことが望ましい．

7.2 信号パラメータの測定

7.2.1 平均値の測定

周期信号の**平均値** (mean value) m は (3.7) 式，すなわち，

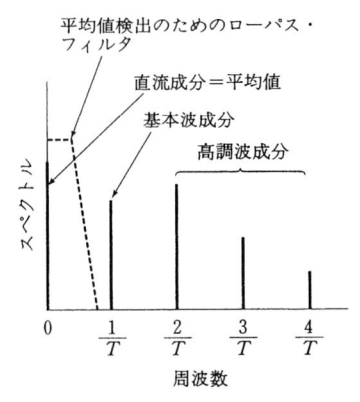

図7.2 ローパス・フィルタによる平均値の検出
周期信号の直流成分はその平均値であるから，ローパス・フィルタで基本波成分と高調波成分を取り除けばよい．

7.2 信号パラメータの測定

$$m = \frac{1}{T}\int_{-T/2}^{T/2} e(t)dt$$

で与えられる．これは(3.20)式で表されるスペクトルの $\dot{C}_0$ すなわち直流成分に相当する．図7.2は周期 T の信号のスペクトルを模式的に表したものである．平均値の検出には，本図において，周波数 $1/T$ 以上の成分を除去できるローパス・フィルタを用いればよい．図7.3はもっとも簡単なローパス・フィルタである．本回路において遮断周波数 f_c を

$$f_c = \frac{1}{2\pi CR} \ll \frac{1}{T} \tag{7.6}$$

とすることにより，平均値を検出することができる．

最近，コンピュータによる数値処理が一般的になっている．数値計算により平

$$f_c = \frac{1}{2\pi} \cdot \frac{1}{CR}$$

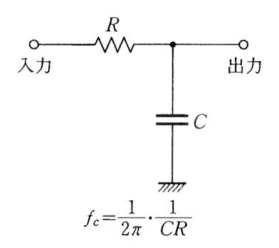

図7.3 もっとも簡単なローパス・フィルタ

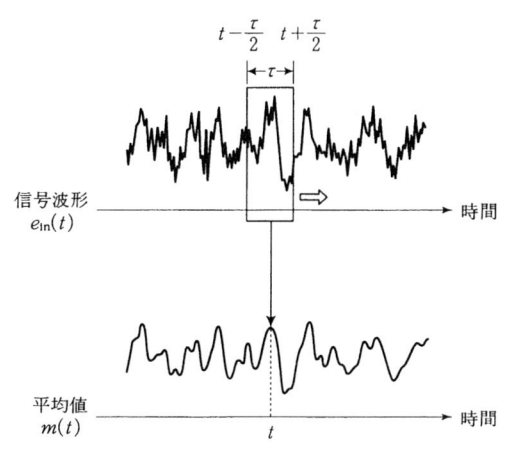

図7.4 移動平均の原理
平均区間を順次ずらしながら平均値の時間関数を求める．

均値を求めるには**移動平均** (running average) がもっともよく用いられる．移動平均は図 7.4 に示すように区間 $[t-\tau/2,\ t+\tau/2]$ の信号の平均値を時刻 t の平均値 $m(t)$ として順次区間をずらして時間関数 $m(t)$ を求めるものである．この操作を式で表せば，

$$m(t) = \frac{1}{\tau} \int_{t-\tau/2}^{t+\tau/2} e_{\text{In}}(t) dt \tag{7.7}$$

である．いま，

$$e_{\text{In}}(t) = E_{\text{In}} e^{j\omega t} \tag{7.8}$$

であるとすれば，$m(t)$ は

$$m(t) = \frac{E_{\text{In}}}{\tau} \int_{t-\tau/2}^{t+\tau/2} e^{j\omega t} dt = \frac{E_{\text{In}}}{j\omega\tau} e^{j\omega t} (e^{j\omega\tau/2} - e^{-j\omega\tau/2}) = E_{\text{In}} e^{j\omega t} \frac{\sin \omega\tau/2}{\omega\tau/2} \tag{7.9}$$

となる．したがって，移動平均の伝達特性 $H(\omega) \equiv m/e_{\text{In}}$ は，

$$H(\omega) = \frac{\sin \omega\tau/2}{\omega\tau/2} \tag{7.10}$$

となる．$H(\omega)$ を，周波数軸を線形目盛と対数目盛で表したものを，それぞれ図 7.5 (a), (b) に示す．本図にみられるように，移動平均操作はローパス特性を示し高周波成分の除去に用いることができる．$-3\,\text{dB}$ の高域遮断周波数は $0.433/\tau$ (Hz) である．図 7.5 (a) をみると，$f = n/\tau$ $(n=1, 2, \cdots)$ のとき $H(\omega) = 0$ となる．一方，図 7.2 に示すように，周期 T の周期信号のスペクトルは $f = n/\tau$ $(n=0, 1, 2, \cdots)$ にのみ存在するから，移動平均において $\tau = T$ とすることにより周期信号の交流成分は完全に除去され，$m(t)$ は時間によらず一定，すなわち平均

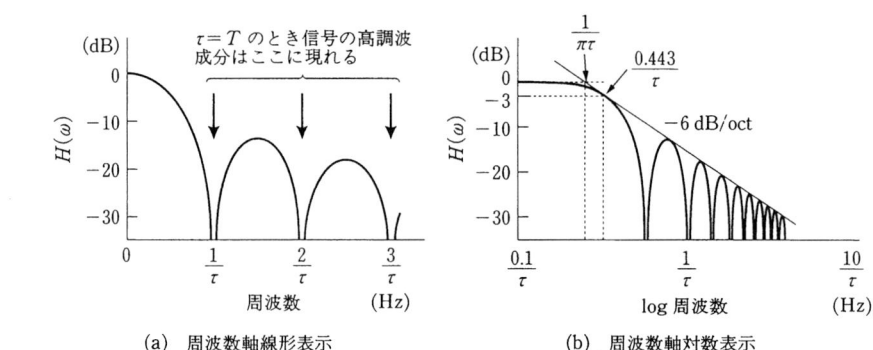

(a) 周波数軸線形表示

(b) 周波数軸対数表示

図 7.5 移動平均操作の伝達特性
移動平均操作はローパス特性を示す．

7.2 信号パラメータの測定

値 m を得ることができる．このとき (7.7) 式は (3.7) 式と同一になるから，これは当然の帰結である．

移動平均は，このほか高周波雑音やランダム雑音が重畳された信号の**平滑化** (smoothing) にも用いられる．これについては 7.3 で述べる．

周期信号でない信号の平均値は積分区間を定義しないかぎり定義できない．しかし，スペクトル上で交流成分と直流成分が明確に分離できる場合にはローパス・フィルタや移動平均操作により近似的に平均値を求めることができる．また，交流成分と直流成分が明確に分離できない場合でも，ローパス・フィルタの遮断周波数 f_c や移動平均における τ を目的に応じて定めてやることにより，近似的に平均値を求めることが行われる．

7.2.2 ピーク値の測定

ピーク値 (peak value，尖頭値ともいう) は信号波形 $e(t)$ の最大値であり，単発信号の信号パラメータとしてよく用いられる*．

ピーク値を電子回路的に検出するものとして**ピーク値検出回路** (peak detector, peak holder) がある．図 7.6(a) はピーク値検出回路の基本回路である．本回路は順方向抵抗がゼロ，逆方向抵抗が無限大の理想ダイオードと容量からなっており，図 7.7 のように各種波形に対してそのピーク値を保持する．本回路では，いったんピーク値を保持すると，その値以下の信号が入力されてもその値を保持し続けるため，実際は図 7.6(a) に示すように測定のたびにコンデンサに並列に接続されたスイッチにより，コンデンサに充電された電荷を放電させる必要がある．単発信号の発生間隔が信号の継続時間よりも十分長い場合には，図 (c) のようにコンデンサに並列のリーク抵抗により放電させることも可能である．図

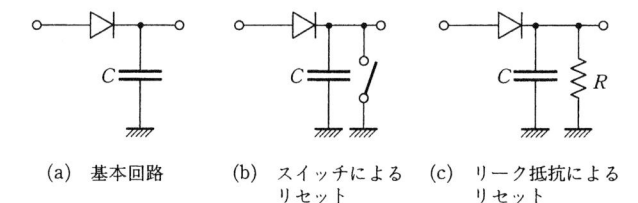

(a) 基本回路　　(b) スイッチによるリセット　　(c) リーク抵抗によるリセット

図 7.6 ピーク値検出回路

---

* ピーク値は信号が最大値をとる一瞬の値である．このため，その瞬間に雑音が重畳していればその影響を直接受けることになり，信号パラメータの測定法としては必ずしも優れた方法ではない．雑音の影響と測定時間の関係については 7.3.1 で述べる．

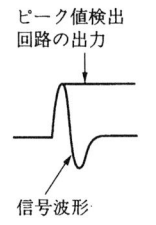

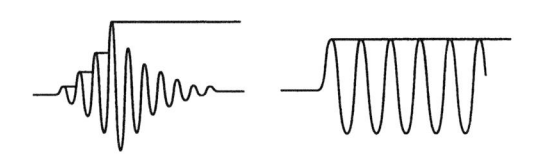

図7.7　ピーク値検出回路のはたらき
ピーク値検出回路は信号の最大値を保持する．

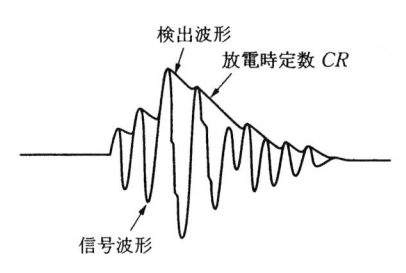

図7.8　ピーク値検出回路による包絡線の検出
図7.6(c)においてC, Rの値を適当にとることにより信号の包絡線を検出することができる．

(c)において，放電時定数を適当に選べば図7.8のように信号の包絡線 (envelop) を近似的に検出することができる．

　現実のダイオードは順方向電圧および順方向抵抗を持つため，誤差が生ずる．このため，演算増幅器を用いた理想ダイオードなどによりピーク値検出回路を構成することが行われる．

　コンピュータを用いてピーク値を検出するには，たんに測定時間範囲内での最大値を探せばよいが，実際の計測では，測定時間内に大小いくつかの極大が存在し，各々の極大値をピーク値として測定する必要があることが多い．この場合には，AD変換されたデータ点列において，直前のデータとの差分を検出しそれがゼロになる点のデータを求めればよいが，こうすると，実際は雑音のため無数の極大値が検出されてしまう．このため，差分の検出にさきだち信号を平滑化 (7.3.4参照) し，さらにある値以下の極大値を棄却するなどの方法をとる必要がある．

7.2.3　電力，エネルギーの測定

　電力 (power) とは単位時間あたりに負荷に消費されるエネルギーであり，周

7.2 信号パラメータの測定

期信号の場合，負荷電圧および電流を $e(t)$, $i(t)$ として

$$P = \frac{1}{T}\int_{-T/2}^{T/2} p(t)dt = \frac{1}{T}\int_{-T/2}^{T/2} e(t)i(t)dt \tag{7.11}$$

で与えられる．ここで $p(t)$ は**瞬時電力** (instantaneous power) と呼ばれる．いま，

$$\left. \begin{array}{l} e(t) = \sqrt{2}E\cos\omega t \\ i(t) = \sqrt{2}I\cos(\omega t - \varphi) \end{array} \right\} \tag{7.12}$$

とすれば，

$$P = EI\cos\varphi \tag{7.13}$$

である．$\cos\varphi$ を**力率** (power factor)，EI を**皮相電力** (apparent power) という．

信号がひずみ波であり，

$$e(t) = E_0 + \sum_{n=1}^{\infty} \sqrt{2}E_{ne}\cos(n\omega t + \theta_n) \tag{7.14}$$

$$i(t) = I_0 + \sum_{n=1}^{\infty} \sqrt{2}I_{ne}\cos(n\omega t + \theta_n - \varphi_n) \tag{7.15}$$

であれば，電力 P は

$$P = E_0 I_0 + \sum_{n=1}^{\infty} E_{ne}I_{ne}\cos\varphi_n \tag{7.16}$$

となって，各調波電力の和として求められる．

負荷が 1Ω の抵抗である場合には

$$P = \frac{1}{T}\int_{-T/2}^{T/2} e^2(t)dt \tag{7.17}$$

であり，これは電圧の2乗平均値である．信号電圧の2乗平均値は信号電力と呼ばれることがある．

単発信号の場合には，エネルギー E として

$$E = \int_{-\infty}^{\infty} e(t)i(t)dt \tag{7.18}$$

信号エネルギー E_s として信号電圧の2乗積分値

$$E_s = \int_{-\infty}^{\infty} e^2(t)dt \tag{7.19}$$

が用いられる.

以上のように,電力,エネルギーを測定するには,(7.11), (7.18)式に従い $e(t)$ と $i(t)$ の積である瞬時電力 $p(t)$ を検出しそれを積分するか,電圧と電流の実効値 E, I および,位相差 φ から (7.13) 式に従って求めればよい.具体的には次にあげるような方法が用いられる.

a. 3電圧計法 3電圧計法は3つの電圧計を用いて電力を測定する方法である.図7.9に3電圧計法の原理図を示す.3電圧計法では図7.9(a)に示すように標準抵抗 R_s と3つの電圧計を接続する.各々の電圧計にかかる電圧をそれぞれ $\dot{E}_1, \dot{E}_2, \dot{E}_3$ とすれば,

$$\dot{E}_1 + \dot{E}_2 = \dot{E}_3 \tag{7.20}$$

であり,これをベクトル表示すれば図(b)のようになる(付録A参照).負荷電流 $\dot{I}$ と負荷電圧 $\dot{E}_1$ の位相差を φ とすれば

$$E_1^2 + E_2^2 + 2E_1E_2\cos\varphi = E_3^2 \tag{7.21}$$

であるから,

$$P = IE_1\cos\varphi = \frac{1}{R_s}E_1E_2\cos\varphi = \frac{1}{2R_s}(E_3^2 - E_1^2 - E_2^2) \tag{7.22}$$

となり,電力 P を3つの電圧計の読みから求めることができる.

b. 乗算器を用いる方法 アナログ乗算器ICを用いて電力,エネルギーを測定することができる.乗算器ICは2つの電圧入力 X, Y に対して,XY に対

(a) 測定回路 　　　(b) 各電圧のベクトル表示

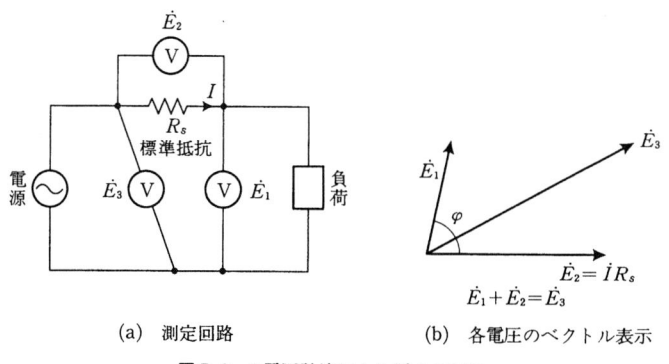

図7.9 3電圧計法による電力の測定

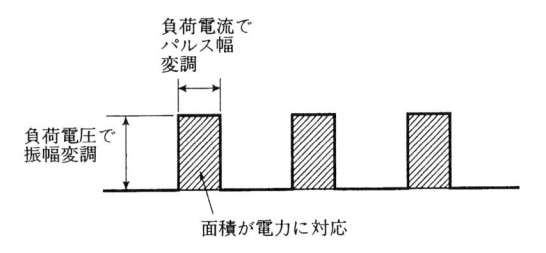

図7.10 パルス変調による電力の測定

応した電圧を出力するICで，帯域はDC~1MHz，精度0.1%程度のものが市販されている．乗算器ICによれば広い周波数範囲にわたって瞬時電力を求めることが可能である．瞬時電力から電力を求めるには7.2.1に述べた方法により，その平均値を求めればよい．乗算器は広帯域であるため単発信号のエネルギーを測定するのにも用いられる．

c. パルス変調による方法 2つの信号の積に対応した量を得る方法として，パルス変調による方法がある．これは，図7.10に示すように，パルス電圧を負荷電圧に比例するように振幅変調し，さらに，パルス幅が負荷電流に比例するようにパルス幅変調すれば，パルスの面積がそれらの積すなわち瞬時電力に対応する．したがって，得られたパルス列の平均値を検出することにより，電力を測定することができる．

7.2.4 実効値の測定

周期信号の実効値 E は (4.9) 式すなわち

$$E = \sqrt{\frac{1}{T}\int_{-T/2}^{T/2} e^2(t)dt} \qquad (4.9)$$

で与えられる．実効値は信号電力の平方根をとることにより求められるが，以下のような簡便な測定法もある．

a. 実効値に対応した値を出力するセンサによる方法 センサや計器のなかには原理的に，実効値に対応した値を出力するものがある．6.3.5で述べた熱電型計器のように，電力をいったん熱に変換し，それによる上昇温度を測定する計器などがそれにあたる．このようなセンサや計器を用いることにより，実効値を簡便に測定することができる．

b. ピーク値からの換算による方法 周期信号の振幅（ピーク値）と実効値

の間には，表 4.1 に示したように，波形によってある一定の関係がある．したがって，波形が既知であれば，そのピーク値から実効値を換算により求めることができる．たとえば，ピーク値を A とすれば，正弦波の場合実効値は $A/\sqrt{2}$，方形波の場合 A である．

c. 整流波形の平均値から求める方法　　正弦波

$$e(t) = \sqrt{2}E \cos \omega t$$

を整流してその平均値をとれば

$$E_{av} = \frac{1}{T}\int_{-T/2}^{T/2} \sqrt{2}E |\cos \omega t| dt = \frac{2\sqrt{2}}{\pi}E \tag{7.23}$$

であるから，信号を整流後直流電圧を測定すれば，それは実効値に対応している．本方法も波形に依存しており，方形波の場合は $E_{av}=E$ である．したがって，波形が不定の場合は本方法を用いることはできない．

d. RMS-DC コンバータによる方法

アナログ演算により (4.9) 式を演算し，実効値に比例した直流電圧を出力する IC が **RMS-DC コンバータ** として市販されている．周波数帯域は DC~1 MHz，精度は 1% 以下のものもあり，正弦波ならびにひずみ波の実効値を簡便かつ高精度で検出できる素子として用いられている．

7.2.5 位相差の測定

a. 時間測定による方法　　いま，図 7.11 に示すように，周波数の等しい 2 つの正弦波があった場合，両信号の **位相差** φ は

$$\varphi = \frac{t}{T} \times 360 \quad [\text{deg}] \tag{7.24}$$

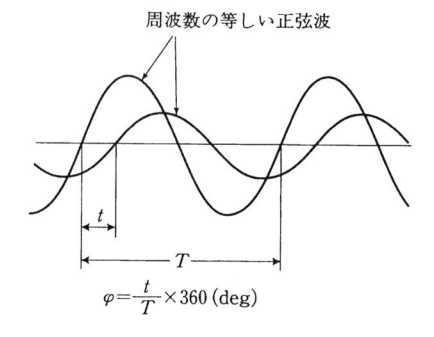

図 7.11 位相差の定義

7.2 信号パラメータの測定

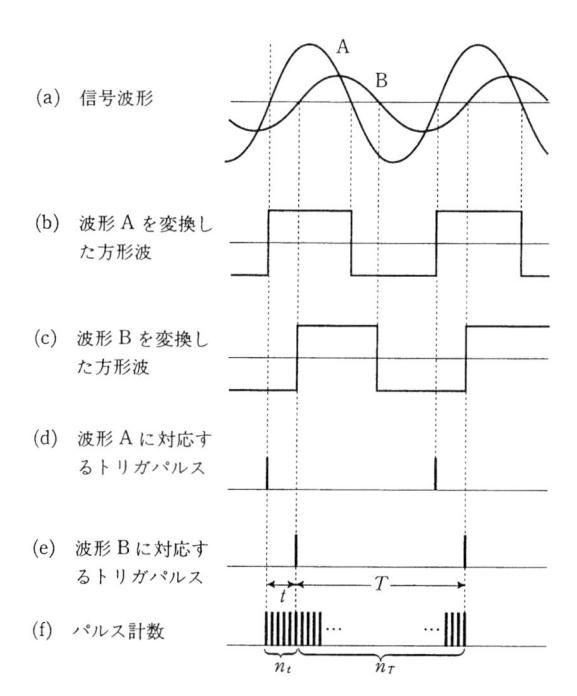

(a) 信号波形

(b) 波形 A を変換した方形波

(c) 波形 B を変換した方形波

(d) 波形 A に対応するトリガパルス

(e) 波形 B に対応するトリガパルス

(f) パルス計数

図 7.12 カウンタを用いた位相差測定の原理

で与えられる．したがって，2現象オシロスコープなどにより t および T を測定することによって位相差を求めることができる．

より高精度に位相差を測定するには図 7.12 に示すようなカウンタによる方法が用いられる．まず，2つの正弦波信号 (a) を，増幅度が十分大きくかつ最大振幅が制限されている増幅器を用いるなどして方形波 (b), (c) に変換し，それぞれの立ち上がりあるいは立ち下がりに対応したパルス (d), (e) を発生させる．そこで，パルス (d), (e) の時間間隔 t ならびに周期 T をカウンタで測定し(7.24) 式により位相差を求める．カウンタは周期が測定時間よりも数桁短い標準パルス発生器を内蔵しており，図 (f) のように測定時間内に発生したパルス数を数えることにより高精度に時間を測定するもので，10^{-5}～10^{-10} の測定分解能が得られる (7.2.6 a 参照)．

b. リサージュによる方法　2つの正弦波信号をオシロスコープの縦軸および横軸に入力して得られる図形を **リサージュ図形** (Lissajous's pattern) という．周波数の等しい2つの正弦波信号

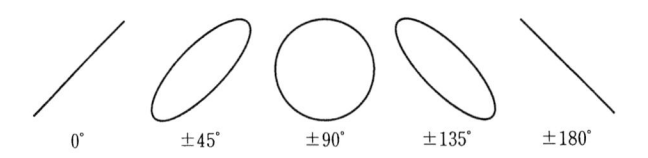

図 7.13 周波数と振幅が等しい 2 つの正弦波間のリサージュの位相差による変化

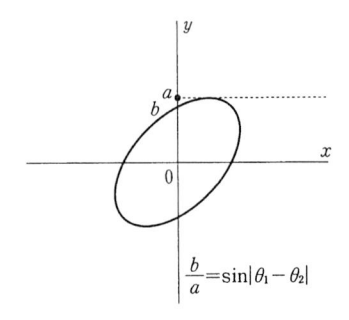

図 7.14 リサージュによる位相差の測定

$$x(t) = E_1 \sin(\omega t + \theta_1)$$
$$y(t) = E_2 \sin(\omega t + \theta_2)$$

がオシロスコープの縦軸および横軸に入力されているとすれば，得られるリサージュ図形は図 7.13 のように位相差によって変化する楕円となる．いま，図 7.14 のような楕円を考えると，y 軸とリサージュの交点 b では

$$\omega t + \theta_1 = n\pi \quad (n = 1, 2, \cdots)$$

であり，そのとき

$$b = y_{x=0} = E_2 \sin|\theta_1 - \theta_2|$$

である．一方，

$$a = E_2$$

であるから，オシロスコープ上で，図 7.14 の a, b を測定し，

$$\frac{b}{a} = \sin|\theta_1 - \theta_2| \tag{7.25}$$

により位相差を測定することができる．

c. 移相器を用いる方法 移相角が読み取り可能な移相器を用いれば，ゼロ位法により位相差を測定することができる．図 7.15 にその原理図を示す．本方法では一方の信号を移相器をとおして位相検出器に入力する．たとえば，リサー

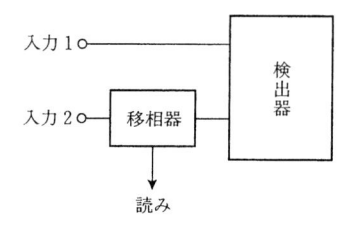

図7.15 移相器を用いた位相差の測定
検出器で位相差ゼロあるいは180°を検出し、そのときの移相量を読む。

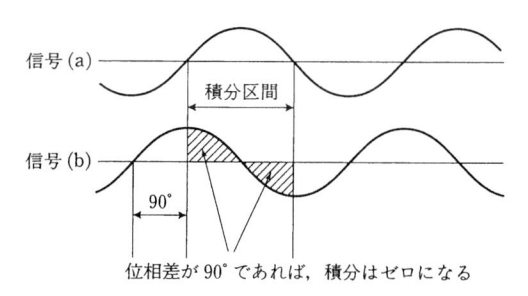

図7.16 同期整流による位相差の検出
90°の位相差が検出できる。

ジュによる位相検出では，位相差ゼロあるいは180°を検出し，そのときの移相器の読みを測定する．図7.16は**同期整流**による位相の検出例である．本方法では信号(a)の正の半周期の区間で信号(b)を積分する．このようにすれば，位相差が90°のとき積分値がゼロとなるからそれを検出し，移相器の読みから位相差を求めることができる．

7.2.6　周波数の測定

信号の周波数とは，図7.17に示すように，同一の波形が1秒間あたりに繰り返し出現する回数であり，これは(4.10)式で表される周期信号の基本波の周波数に対応する．したがって周波数を測定するには，ある一定時間内の波形の数を数えるか，繰り返し周期を測定し，その逆数をとることにより求めればよい．

　周波数の測定についてもう少し深く考えてみよう．上でいう周期信号とは，同一の波形が無限の時間にわたって繰り返す信号のことである．ところが，実際の信号では必ずその始まりと終わりがあり，たとえ信号自体が無限に続く信号であっても，測定はある有限の時間内に行われなければ意味がない．図7.18は時

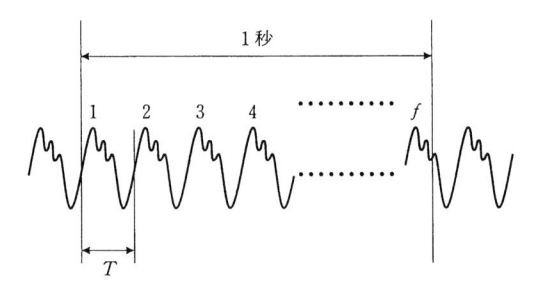

図 7.17 周波数の定義
周波数とは，1秒間あたりに同一の波形が繰り返し出現する回数である．

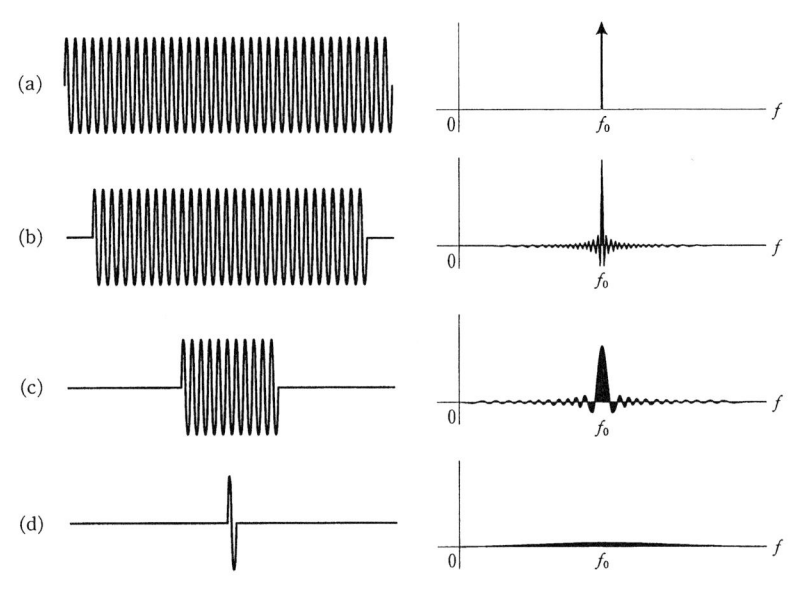

図 7.18 時間の制限された正弦波とそのスペクトル
正弦波の継続時間が長いほどスペクトルは鋭くなる．

間の制限された正弦波の波形とその周波数スペクトルを示したものである．図 (a) は無限に継続する周波数 f_0 の正弦波であり，この場合スペクトルは 4.3 で述べたように，周波数 f_0 の線スペクトルとなる．

図 (b) 以下のように正弦波の継続時間が制限されている場合，信号は単発信号であり，その周波数スペクトルはフーリエ変換によって表される (4.3.2 参照)．このとき，周波数スペクトルは幅を持つようになり，継続時間が短くなるにつれ

て，図に示すようにその幅は大きくなる．このため，信号の継続時間が十分に長い場合は問題ないが，たとえば図(d)のような信号の周波数といっても，その周波数成分は周波数 f_0 を中心にある幅を持って分布しており，周波数を特定できない．

ではスペクトルが最大となる周波数をもって正弦波の周波数を推定してはどうであろうか．そうすれば，継続時間に無関係に正弦波の周波数を測定できるはずである．しかし，実際の場合は信号には必ず雑音が重畳されており，分布を持ったスペクトルの最大値を求める場合，その誤差はスペクトルの幅に比例したものとなり，結局，ある精度で周波数を測定しようとすると，一定以上の信号継続時間が必要になる．このように，信号周波数の測定においては，測定する波の数が多いほどその精度は向上する．

周波数の測定には次のような方法が用いられる．

a. 周波数カウンタによる方法　　周波数カウンタを用いる方法は簡便かつ高精度の測定法である．図 7.19 に周波数カウンタのブロック・ダイアグラムを示す．周波数カウンタには，高精度，高安定度の水晶発振器が内蔵されており，それからある一定の基準時間間隔，たとえば1秒がつくられる．一方，信号は信号変換器により，信号と同じ周期を持ったパルス列に変換され，たとえば1秒間に発生したパルス数がタイムゲートとパルスカウンタによりカウントされ表示される．たとえば，1秒間あたりにカウントされたパルス数が30000個であれば，周波数は 30 kHz である．周波数カウンタでは，測定する量がパルスの数であり，

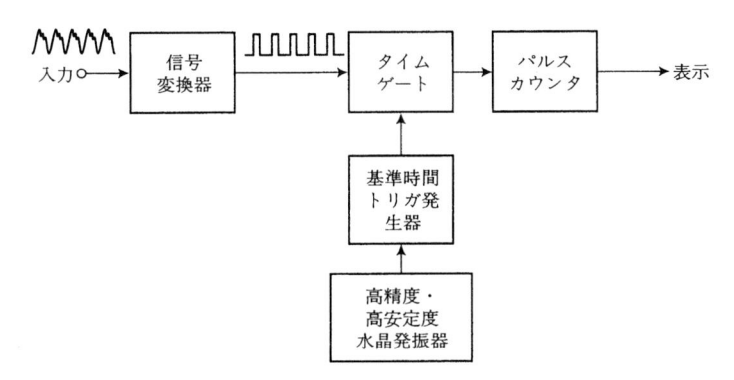

図7.19　周波数カウンタのブロック・ダイアグラム
周波数カウンタは信号をパルス列に変換し，それを一定時間カウントする．

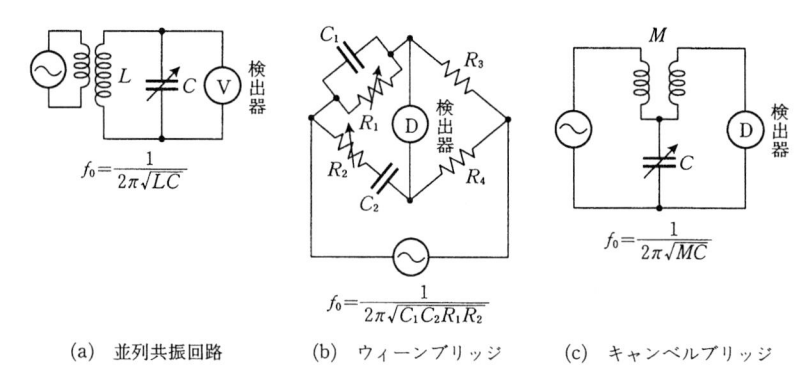

(a) 並列共振回路 　　(b) ウィーンブリッジ　　(c) キャンベルブリッジ

図 7.20　周波数測定に用いられる共振回路

基準時間さえ正確であればカウントしたパルス数の逆数の分解能が得られる．一般の周波数カウンタの分解能は $10^{-5}\sim10^{-10}$ である．周波数カウンタによる方法では信号がひずみ波であってもその周波数が測定可能なことも特徴の一つである．

周波数カウンタは内部構成を変えることにより，容易に時間測定器とすることが可能である．このようにしていくつかの機能を持たせた多目的カウンタは**ユニバーサル・カウンタ**などと呼ばれている．

b. 共振を利用した方法　　電気的，あるいは機械的共振現象を利用して周波数を測定することができる．たとえば，図7.20(a)の回路は共振周波数が $1/2\pi\sqrt{LC}$ であり，検出器の電圧が最大になるように C を調整し，L, C の値を他の手段で知れば信号周波数を求めることができる．図(b), (c)は一種のブリッジ回路であり，その平衡条件が周波数に依存することを利用して信号周波数を求めることができる．

このほか，共振周波数の異なったいくつかの共振器を並べておいて，それらに信号を入力し，もっとも振動振幅の大きい共振器を知ることにより，信号の周波数の概略値を知る方法もある．

共振を利用した周波数測定法は周波数カウンタを用いた方法に比べ，環境温度や浮遊インピーダンスの影響などを受けやすく精度が高いとはいえない．また，ひずみ波の周波数は測定しにくい場合が多い．しかし，目的によっては簡便に周波数の測定を行うことができ，その原理を理解しておくことは重要である．

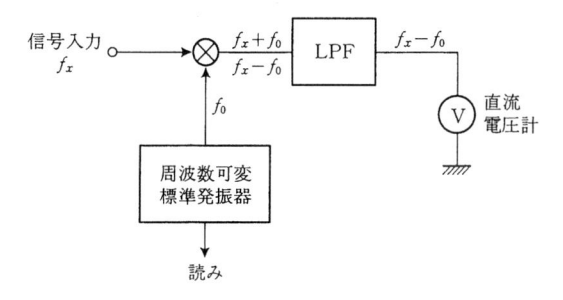

図 7.21 比較法による周波数の測定
乗算器，ローパス・フィルタ，直流電圧計により信号周波数と標準周波数が等しくなったことを検出する．

c. 比較法 1.4 に述べたように，周波数の異なる2つの正弦波信号の積を求めると各々の周波数の和と差の信号が得られる．したがって，もし2つの周波数が等しければ直流の信号が得られ，このことを利用して信号周波数の測定を行うことができる．図 7.21 はその原理図である．本方法では，周波数が可変の標準信号発振器を用い，信号との積を求めてその直流分を検出することにより，信号と標準信号の周波数が等しくなったことを検知するものである．このほかリサージュ法を用いて信号周波数と標準周波数が等しいことを検知することも可能である．これらの方法では，標準信号の精度に対応した測定精度が得られる．

7.2.7 周波数スペクトルの測定

周波数スペクトルの測定は，周期信号については (4.20) 式，単発信号については (4.26) 式を求めることである．周波数スペクトルの測定は，周期信号や単発信号の解析やその発生のメカニズムの解明などに用いられるほか，ランダム信号の解析・処理，雑音解析，雑音に埋もれた信号の解析・処理など多方面で用いられる．

周波数スペクトルの測定には，信号を AD 変換し数値演算により求めるディジタル的方法とアナログ的方法がある．前者では，**FFT** (fast fourier transform) がもっともよく用いられるが，このほか MEM (maximum entropy method, 最大エントロピー法) などのスペクトル推定法が目的に応じて用いられる．数値演算による方法は高速 AD 変換器の出現やコンピュータの能力向上により，現在もっとも一般的に用いられている．本方法は汎用性があり，得られたデータを後の演算処理にそのまま用いることができる．また，FFT の機能

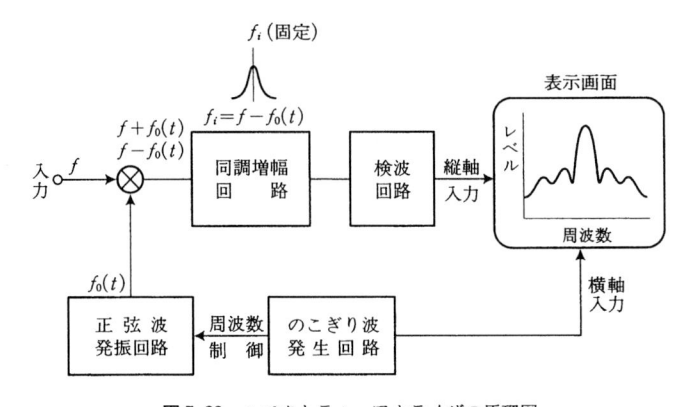

図 7.22 スペクトラム・アナライザの原理図
周波数がのこぎり波状に変化する正弦波と入力信号との積を同調増幅器で検波する．

を持ったディジタル・オシロスコープも市販されている．数値演算によるスペクトル解析法の詳細については他書にゆずることにする．

アナログ的方法として**スペクトラム・アナライザ**の原理を学ぶことは，他の応用を考える際にも有用である．図 7.22 に**スーパー・ヘテロダイン方式**によるスペクトラム・アナライザの原理図を示す．いま，入力端子にその周波数スペクトルが時間とともに変化しない信号が入力されているものとする．スペクトラム・アナライザはその内部に周波数が時間とともに変化する発振器*を有しており，その信号と入力信号との積をアナログ乗算器により得る．いま図 7.23 に示すように，発振器の信号周波数を $f_0(t)$，入力信号の周波数スペクトルを $F(f)$ とすれば，この操作により，周波数スペクトルが $F(f+f_0)$ の信号が得られ，f_0 が時間とともに変化するのにともない，そのスペクトルが周波数軸上を移動する．この信号を周波数 f_i の同調増幅器をとおして検波**すれば，$F(f_i+f_0)$ の値が得られる．すなわち，本回路はみかけ上，中心周波数が $f_i+f_0(t)$ のように時間とともに変化するバンドパス・フィルタとして動作する．スペクトラム・アナライザでは発振器の周波数をのこぎり波により制御し，ディスプレイの縦軸に検波出力，横軸にのこぎり波を入力し周波数スペクトルを直接表示する．この原理は 7.3.6 で述べる同期検波と本質的に同じである．

---

* 周波数を時間とともに単調に変化させることを**周波数掃引** (sweep)，そのような発振器を**掃引発振器** (sweep generator) という．
** 信号波形から実効値や電力など目的に合ったパラメータを検出することを**検波**という．

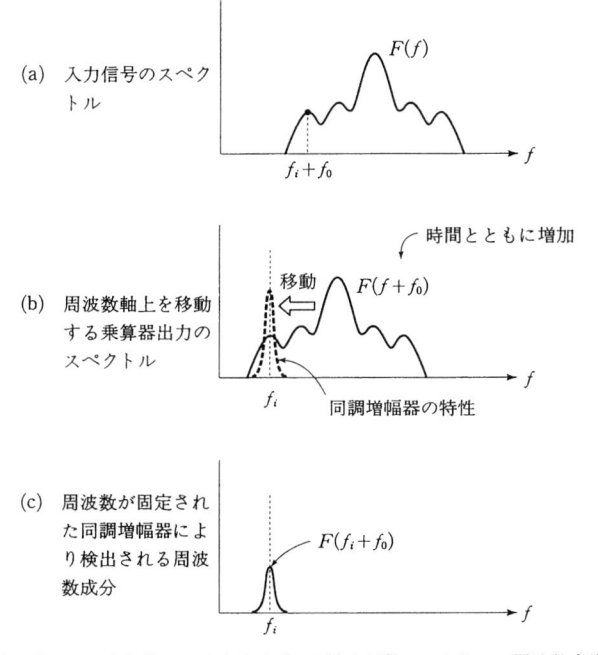

図7.23 スペクトラム・アナライザにおける信号スペクトルの周波数変換

7.3 雑音の混入した信号の処理

電気・電子計測では種々の雑音が必ず混入する．第5章では，雑音の種類や性質，さらに，これらの雑音の混入を防止するための測定上の手法について述べた．しかし，これらの対策によっても雑音は完全に除去できるわけではなく，測定によって得られた信号には雑音が含まれているのが普通である．以下では，信号に雑音が混入していることを前提として，そこからできるだけ信号成分のみを取り出すような測定法，信号処理法について考えてみよう．

7.3.1 測定時間と雑音

具体的な信号処理法に入る前に，測定時間と雑音の関係を考えてみよう．いまたとえば，図7.24のようにステップ状に電圧を変えながら，あるものの特性を測定することを考えよう．測定する波形にはランダム雑音が重畳されているものとする．測定するデータの分解能すなわち測定点数を n とし，それを一定にして全体の測定時間を変えた場合，データに混入する雑音はどのように変化するであろうか．全体の測定時間を T_m とした場合，1点あたりの測定時間 T_{av} は T_m/n

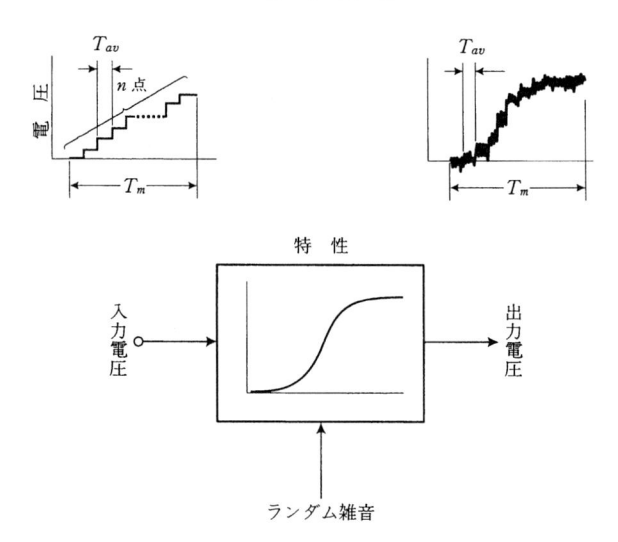

図 7.24 ランダム雑音が重畳する系の特性測定
入力電圧をステップ状に変えて特性を測定する.

である.各データは測定時間 T_{av} にわたって瞬時値を平均して得るものとすれば,T_{av} が大きいほど平均する時間範囲が大きく測定データはランダム雑音の影響を受けにくいであろう.しかし,その反面,全体の測定時間 T_m が長くなるために測定系のドリフトや $1/f$ 雑音の影響を受けやすくなると思われる.では,もう少し定量的にこのことを考察してみよう.

周波数領域において,このような測定の特性を考える.まず,T_{av} にわたって瞬時値を平均する操作は,7.2.1 で述べたように,

$$H(\omega) = \frac{\sin \omega T_{av}/2}{\omega T_{av}/2}$$

なるローパス特性を有している.本特性から,5.2 で述べた雑音帯域幅を計算すれば,$\Delta f_{av} = 1/2 T_{av}$ となる.

一方,本測定では限られた時間 T_m で波形を測定しているわけであるから,測定された波形は $[0, T_m]$ でのみ定義される.このような波形のスペクトルは 4.3.1(b) で述べたように,直流および周波数 $1/T_m$ の基本波とその高調波で表すことができる.これらの成分のうち直流成分は測定データ全てに一様なオフセットがかかっていることを意味しており,もし,このような雑音があれば測定前のゼロ調整などにより容易に取り除くことが可能である.したがって,この直

流成分を度外視して考えれば，限られた時間 T_m での波形の測定は，遮断周波数が $1/T_m$ のハイパス特性を有していることになる．以上から，測定全体としての雑音帯域幅 Δf は

$$\Delta f = \frac{1}{2T_{av}} - \frac{1}{T_m} = \frac{1}{T_m}\left[\frac{n}{2} - 1\right] \tag{7.26}$$

となる．

では，この雑音帯域幅を用いて白色雑音の電力を求めてみよう．5.2 で述べたように，白色雑音の電力 N_t は雑音帯域幅に比例する．したがって，

$$N_t \propto \Delta f \propto T_m^{-1} \tag{7.27}$$

となって，白色雑音電力は測定時間に逆比例して小さくなることがわかる．

では，$1/f$ 雑音の場合はどうであろうか．第 5 章で図 5.7 に示したように，一般に測定系ではある周波数 f_k 以上では白色雑音が，以下では $1/f$ 雑音が卓越する．T_m をどんどん大きくすることは，$1/f$ 雑音が卓越する周波数帯で測定することを意味している．$1/f$ 雑音の電力は (5.3) 式，すなわち，帯域の上限ならびに下限周波数を f_h, f_l として

$$N_f = K \ln\left[\frac{f_h}{f_l}\right]$$

で表される．したがって

$$N_f \propto \ln\left[\frac{f_h}{f_l}\right] = \ln\left[\frac{n/2T_m}{1/T_m}\right] = \ln\frac{n}{2} \propto T_m^0 \tag{7.28}$$

となり，$1/f$ 雑音電力は測定時間 T_m に無関係であることがわかる．(7.27)，(7.28) 式は測定法を考えるうえで重要な性質である．

7.3.2 フィルタリング

上述のように計測系は，人為的にフィルタを用いる用いないにかかわらず，結果的に帯域通過型のフィルタ特性を有している．一方，**フィルタリング** (filtering) とは人為的にフィルタを用いることをいい，雑音除去のもっとも一般的な方法として，商用周波数雑音の除去やランダム雑音の抑圧に用いられる．図 7.25 に雑音除去のためのフィルタの用いかたの例を模式的に示す．図において，フィルタ通過後のスペクトルは通過前のスペクトルとフィルタの伝達特性の積であること，ならびに，電力スペクトルを周波数で積分したものが波形の電力であ

138　　　　　　　　　　　7. 信 号 処 理

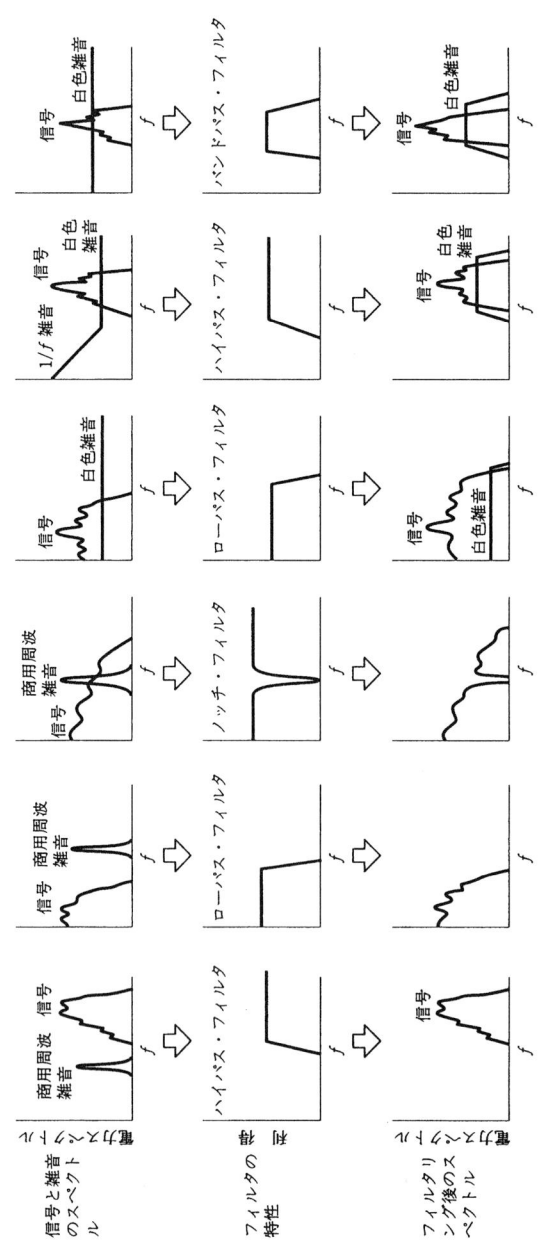

図 7.25　各種フィルタによる雑音除去例とその周波数スペクトル

ることに留意しよう．

　フィルタリングは原理が簡単で，そのためのハードウェアやソフトウェアの構成も比較的容易であるが，用い方を誤ると信号を著しくひずませたり，思わぬ誤差をまねくことがあるため，その基本的な性質を十分理解のうえ使用することが肝要である．

> ☆ **臭いものに蓋**
> 　フィルタリングは原理がわかりやすいため，安易に使われやすい側面を持っている．しかし，時間領域ならびに周波数領域における信号と雑音の性質の相互関係を把握し，さらに，用いるフィルタの時間領域ならびに周波数領域における性質を理解しない限り，適切なフィルタリングは行うことはできない．本書でも述べてきたように，計測では，信号と雑音の性質を十分把握し，できる限り雑音を低減させる対策を施したうえでフィルタを用いるのでなければならない．公害対策と同様にできるだけ上流でくいとめることが原則である．臭いものに蓋であってはならない．

a. フィルタの伝達特性　　一般にフィルタの伝達特性 $H(\omega)$ は，$E_{in}(\omega)$，$E_0(\omega)$ を入出力電圧として，次のように表される．

$$H(\omega) \equiv \frac{E_0(\omega)}{E_{in}(\omega)} = A(\omega) e^{-j\varphi(\omega)} \tag{7.29}$$

ここで，$A(\omega)$ を**振幅特性**(amplitude characteristic)，$-\varphi(\omega)$ を**位相特性**(phase characteristic)という．フィルタは $A(\omega)$ の形により，**ハイパス・フィルタ**(high-pass filter)，**ローパス・フィルタ**(low-pass filter)，**バンドパス・フィルタ**(band-pass filter)などと呼ばれる．

　位相特性は，ある周波数の信号がフィルタを通過することにより，何ラジアン位相が遅れるかを示す特性である．いま，図7.26に示すように，振幅特性が1であり，位相特性が周波数に対して直線的に変化し，その比例定数が τ であるようなフィルタを考えてみよう．すなわち，

$$\varphi(\omega) = \omega\tau \tag{7.30}$$

であるとする．このような特性を**直線位相特性**という．

　いま，入力信号が $e(t)$ であり，そのフーリエ変換を $F(\omega)$ とすれば，フィルタの出力は $F(\omega)e^{-j\omega\tau}$ であり，時間領域では(4.31)式より $e(t-\tau)$ となる．これはもとの信号がそのままの形で τ だけ**遅延**したものである．このように，

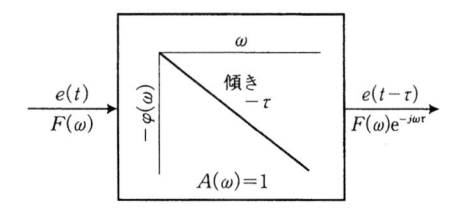

図7.26 直線位相特性を持つ系の伝達特性
遅延時間は周波数によらず一定である.

フィルタが直線位相特性であれば周波数によらず**遅延時間**が一定であり,その遅延時間は位相特性の傾き τ に等しい.したがって,ひずみ波のように基本波と高調波からなる信号を入力しても各々の遅延時間の違いによる波形ひずみを生じることはない.

一般には $\varphi(\omega)$ は直線ではないため,基本波と高調波の位相関係が変化し波形ひずみを生ずる(4.3参照).このため,ひずみ波や単発信号をフィルタリングするときには位相特性にとくに注意を要する.$\varphi(\omega)$ が直線でないときも遅延時間は,

$$\tau = \frac{\varphi(\omega)}{\omega} \tag{7.31}$$

のように定義され,**位相遅延**(phase delay)と呼ばれる*.

いま,図7.27のようにフィルタの位相特性が周波数 ω_0 付近で直線近似が可能であり,信号のスペクトルが周波数 ω_0 の正弦波の振幅変調波のように ω_0 付近に集中しているものとする.このとき,信号の包絡線はひずまずに一定時間遅延し,その遅延時間は

$$\tau_g = \left[\frac{d\varphi(\omega)}{d\omega}\right]_{\omega=\omega_0} \tag{7.32}$$

となる.τ_g は**群遅延**(group delay)と呼ばれる.

以上のように,フィルタの位相特性は,振幅特性と並び,計測では重要な特性である.しかし,現実のフィルタでは両者の間には一定の関係があり,各々独立

---

* $\varphi(\omega)$ は角度であるから 0 から 2π の間の値しかとりえない.したがって,遅延時間が $2\pi/\omega$ を越えるときにはこのことに注意を要する.

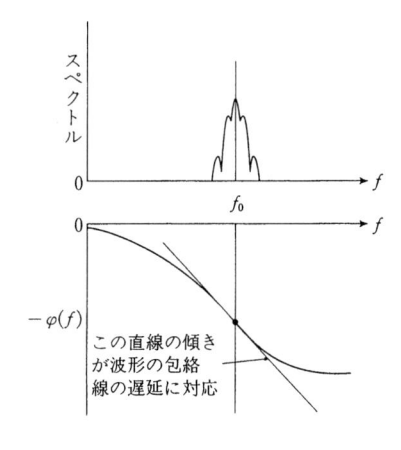

図 7.27 群遅延時間の定義
このような位相特性のとき，ω_0 付近の周波数成分は一定時間遅延する．

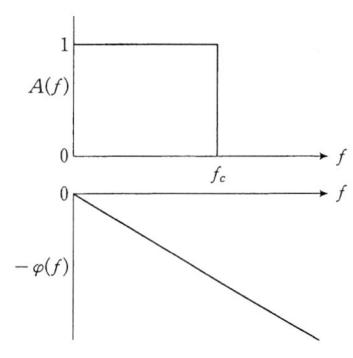

この直線の傾きが波形の包絡線の遅延に対応

図 7.28 理想ローパス・フィルタの振幅特性と位相特性

ではない**．たとえば，図 7.28 に示すような，理想的なローパス・フィルタについて考えてみよう．本フィルタは直線位相特性を持ち，かつ振幅特性が遮断周波数 f_c 以下では 1，以上では 0 であるとする．すなわち，伝達特性 $H(\omega)$ は $\omega = 2\pi f$ として

$$H(\omega) = \begin{cases} e^{-j\omega\tau} & : \ |f| \leq f_c \\ 1 & : \ |f| > f_c \end{cases}$$

であるとする．このようなフィルタに単位インパルスが入力されたとすると，そのフーリエ変換は 1 であるから，フィルタの出力 $e(t)$ は (4.26) 式より

** L, C, R などの受動素子で構成したフィルタでは，振幅特性 $A(\omega)$ と位相特性 $-\varphi(\omega)$ の間には次のような関係がある．

$$-\varphi(\omega) = \frac{1}{\pi} \int_{-\infty}^{\infty} \frac{dG}{du} \ln \coth \left| \frac{u}{2} \right| du$$

ここで，$u = \ln(\Omega/\omega)$，$G = \ln A(\omega)$ である．これをボーデの定理という．

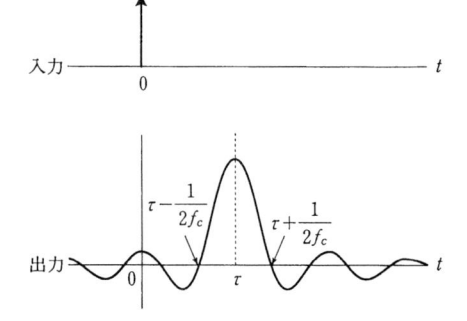

図7.29 理想ローパス・フィルタのインパルス応答
インパルスが入力する以前から応答波形が現れる.

$$e(t) = \int_{-\infty}^{\infty} H(\omega) \cdot 1 \cdot e^{j2\pi ft} df = \int_{-fc}^{fc} e^{j2\pi f(t-\tau)} df$$

$$= \frac{1}{j2\pi(t-\tau)} \{ e^{j2\pi fc(t-\tau)} - e^{-j2\pi fc(t-\tau)} \}$$

$$= 2f_c \frac{\sin 2\pi f_c(t-\tau)}{2\pi f_c(t-\tau)}$$

となって,図7.29のようになる.これをみると,時刻 $t=0$ でインパルスを入力したにもかかわらず,それ以前に応答波形が現れており,これは明らかに因果律に反する.これは,振幅特性と位相特性をかってに与えたためであり,このような理想低域フィルタは現実には存在しえないものであることがわかる*.

b. 各種伝達特性 実用的なフィルタの特性としていくつかの伝達特性が考案されている.図7.30に代表的なフィルタの伝達特性の例を示す.図(a)は**バターワース**(Butterworth)**特性**と呼ばれているものであり,次数をパラメータにして振幅特性,位相特性ならびに遅延特性(位相遅延)を示してある.バターワース特性は通過域に**リップル**(振幅特性の山谷)がなく,次数を上げていくと遮断特性が急峻になるが,遮断周波数付近に位相特性のピークが生ずる.図(b)は**チェビシェフ**(Chebyshev)**特性**と呼ばれているもので,通過域にリップルを許すことによりバターワース特性に比べ急峻な遮断特性を持たせているのが特徴である.バターワース特性やチェビシェフ特性は遅延特性が平坦でないため,ひずみ波や単発信号のフィルタリングでは波形ひずみが問題になる場合が多い.図

---

* 現実の素子によっては図7.28のような理想フィルタを実現することはできないが,コンピュータ上では因果律を満たさないフィルタを実現することが可能であり,実際に用いられている.

7.3 雑音の混入した信号の処理

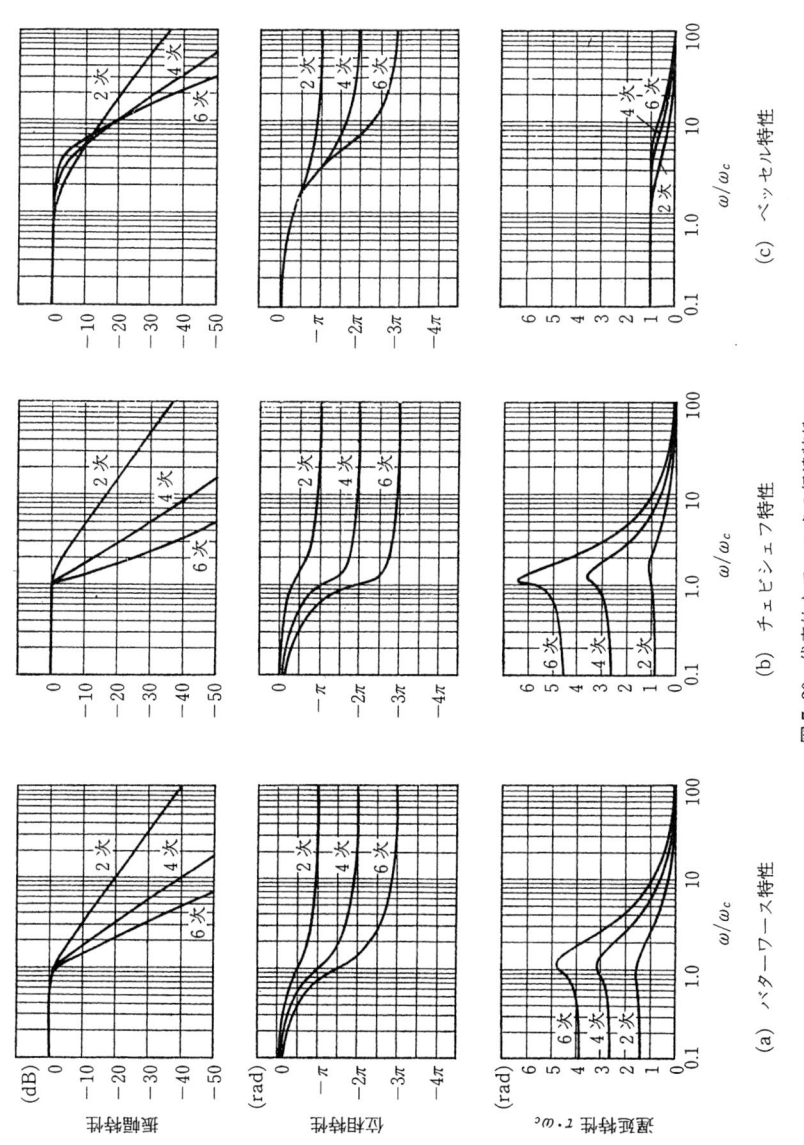

図 7.30 代表的なフィルタの伝達特性
(a) バターワース特性
(b) チェビシェフ特性
(c) ベッセル特性

(c) に示した**ベッセル** (Bessel) **特性**は通過域での遅延特性が平坦になっているのが特徴である．しかし，バターワース特性やチェビシェフ特性に比べ遮断特性が緩やかなのが欠点である．

c．フィルタの実現　フィルタリングは，LCR や演算増幅器などの素子を用いてフィルタを実現し，アナログ信号を直接フィルタリングするアナログフィルタリングと，信号を AD 変換し，ディジタル回路やコンピュータのソフトウェアによりフィルタリングするディジタルフィルタリングに大別される．

アナログフィルタには LCR などの受動素子のみを用いた受動フィルタと，演算増幅器やトランジスタなどの能動素子と受動素子を組み合わせた能動フィルタがある．能動フィルタは，インダクタンスやトランスを用いずに高次のフィルタを容易に実現できることから，低周波信号のフィルタリングによく用いられる．VHF 以上の高周波信号のフィルタリングには受動フィルタが主に用いられる．このほか，圧電振動子を用いたメカニカルフィルタや表面弾性波素子を用いたフィルタなどが用いられている．

ディジタルフィルタには IIR (in-finite impulse response) フィルタと FIR (finite impulse response) フィルタがある．IIR フィルタはフィードバックループを有したフィルタで FIR フィルタに比べ少ない次数で同じ遮断特性を得ることができるために，メモリ容量や乗算器の数が少なくてすむ利点がある．フィルタ特性はバターワース特性やチェビシェフ特性が一般的であり，位相特性は直線的ではない．また，量子化誤差が蓄積される難点がある．FIR フィルタは直線位相特性を実現することができるため，ひずみ波や単発信号の処理に用いられるが，同じ遮断特性を得るためには IIR フィルタに比べ多くの次数が必要である．最近ではいろいろなディジタル信号処理が可能な DSP (digital signal processing) チップが市販されている．ディジタル信号処理の詳細については専門書を参照されたい．

7.3.3　ゼロレベル補正

電気・電子計測でまず問題になるのは測定系の直流付近の雑音，すなわち，オフセットとドリフトである．測定にあたって，測定器のゼロ点を調整するのは誰しもが経験していることであろう．このように，信号に重畳された直流付近の雑音を差し引くことを**ゼロレベル補正** (baseline correction) という．では，雑音の混入した信号のゼロレベル補正法について考えてみよう．

7.3 雑音の混入した信号の処理

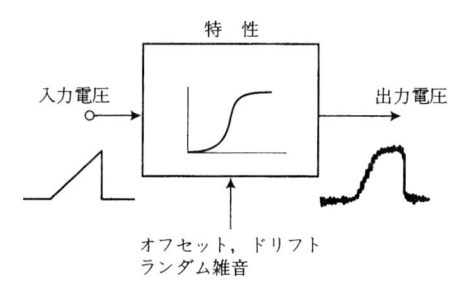

図7.31 のこぎり波を用いた特性測定

いま図7.31のように，あるものの特性を測定するためにのこぎり波状の電圧を入力し，その出力電圧を測定することを考える．本測定では，図に示したように，ドリフト，オフセットのほかにランダム雑音が混入しているものとする．図7.32はいろいろなゼロレベル補正法を示したものである．図(a)は，のこぎり波が立ち上がる以前の直流レベル v_b をデータから差し引くもっとも普通の方法である．ここで注意しなければならないのは，観測される電圧にはランダム雑音が混入していることである．この場合 v_b としてのこぎり波が立ち上がる直前の瞬時値を採用するとランダム雑音の影響を非常に大きく受けることになる．したがって，v_b には $v(t)$ の時間区間 $[0, T_b]$ における平均値を用いる必要がある．同様のことはのこぎり波が立ち上がった後の測定値 v_m を求める際にもいえ，これについても T_{av} において平均したものを用いる必要がある*．

図7.32 (b) は，測定値 $v_m(t)$ の測定時間全体すなわち $[0, T_m]$ における平均値を $v_m(t)$ から差し引く方法である．この方法は，測定値の絶対レベルを問題にしない場合に有効である．本方法では，事前のゼロレベル測定が不要であり，また，差し引くレベルを求めるための時間区間が長いことが利点である．本方法によるゼロレベル補正は測定値 $v_m(t)$ が全測定時間にわたって求まった後でなければ実施することはできない．このため，本方法により測定しながら実時間で補正することは不可能であるが，図 (c) とともに，コンピュータを用いた測定に適している．

図7.32 (c) はドリフトなどのため，補正すべきレベルが変動する場合の補正法である．本方法では，測定前後にゼロレベルを測定し，その間の変動を直線近

---

* ここでいう平均操作は必ずしも数値的に平均値を求めることを意味しない．たとえば，測定系が低域通過特性を有していれば，これは 7.2.1 に示したように平均操作と等価である．

(a) 測定値から測定値前の値を差し引く方法

$$v_b = \frac{1}{T_b}\int_0^{T_b} v(t)dt$$
$$v_0(t) = v_m(t) - v_b$$
$$v_m(t) = \frac{1}{T_{av}}\int_{t-\frac{T_{av}}{2}}^{t+\frac{T_{av}}{2}} v(t)dt$$

(b) 測定値から測定値の平均値を差し引く方法

$$v_0(t) = v_m(t) - \frac{1}{T_m}\int_0^{T_m} v_m(t)dt$$

(c) 測定前後にゼロレベルを測定し，測定中のゼロレベルを直線近似して差し引く方法

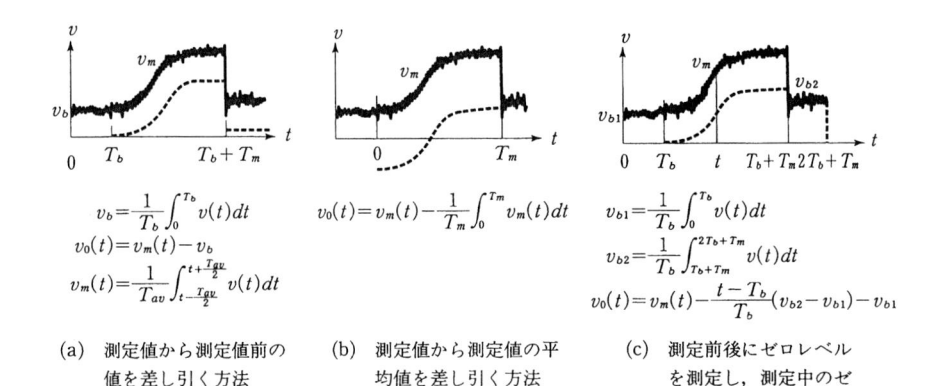

$$v_{b1} = \frac{1}{T_b}\int_0^{T_b} v(t)dt$$
$$v_{b2} = \frac{1}{T_b}\int_{T_b+T_m}^{2T_b+T_m} v(t)dt$$
$$v_0(t) = v_m(t) - \frac{t-T_b}{T_b}(v_{b2}-v_{b1}) - v_{b1}$$

図7.32 いろいろなゼロレベル補正法

似して比例配分により測定値から差し引く方法である．本方法は温度上昇などにより，ゼロレベルが単調に変化する場合に有効である．本方法においても図(a)の場合と同様に，ゼロレベルを測定する際の時間の設定が重要である．

ゼロレベルが変動する場合について図(a)および(b)の方法をもう一度考えてみよう．変動が単調であれば，図(a)の方法ではゼロレベルの変動による誤差は測定開始直後が最小であり終了直前が最大である．これに対して，図(b)の方法では変動の平均値を差し引くため，変動が直線的であれば，測定の中央で誤差が最小であり，測定開始直後および終了直前が最大となる．ただし，その大きさは図(a)の場合の1/2となる．

7.3.4 平　滑　化

図7.33のように変動が重畳した信号を滑らかにする操作を**平滑化**(smoothing)という．平滑化は，たんに，雑音を除去する場合だけではなく，得られた波形を数値微分するような場合，とくに重要な信号処理法である．平滑化は，また，離散的に与えられたデータから信号を推定する場合にも用いられる．平滑化には次のような手法がある．

a. フィルタリング　信号を滑らかにするには，信号に含まれる高い周波数成分を取り除けばよい．したがって，適当なローパス・フィルタリングにより平滑化を行うことができる．

b. 移動平均　7.2.1で述べたように，移動平均の伝達特性は(7.10)式のよ

(a) 信号波形

(b) 平滑化した波形

図 7.33　信号波形の平滑化

(a) 雑音に埋もれたパルス

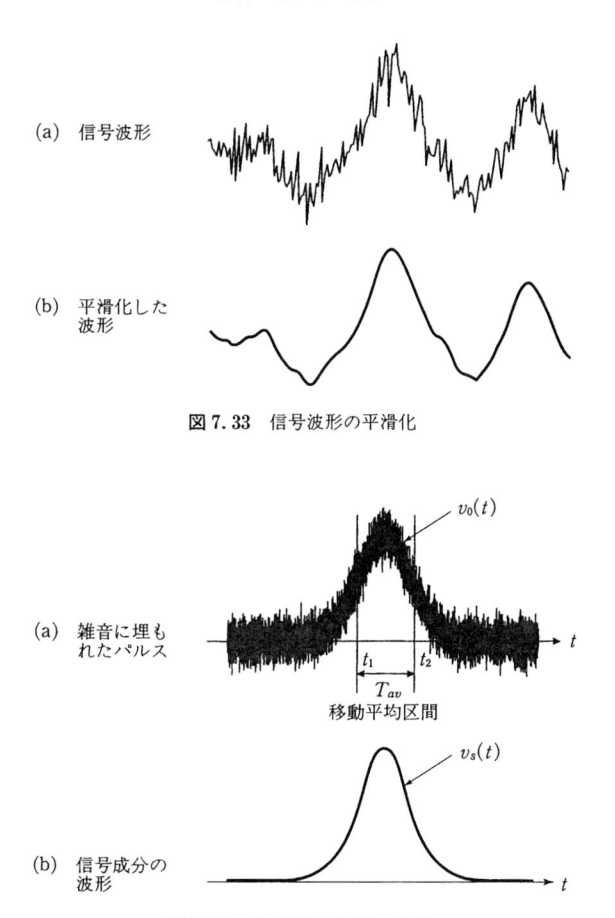

(b) 信号成分の波形

図 7.34　移動平均区間長の検討

うに低域通過特性を示す．したがって，移動平均も平滑化に用いることができる．図 7.34 に示すように，白色雑音に埋もれたパルス v_0 から，もとの波形 v_s を移動平均により取り出すことを考えよう．移動平均では，平均する時間区間 T_{av} を定める必要がある．では T_{av} はどのように定めれば最適であろうか．T_{av} を大きくすれば雑音レベルはそれだけ低下するが，大きすぎると信号成分も低下してしまうことは直感的にわかるであろう．しかし，T_{av} が小さければ平滑化の効果はそれだけ少なくなる．

いま，図 7.34 (a) に示すように，ある時点における移動平均区間の開始点を t_1，終了点を t_2 とすれば，v_0 を移動平均したもののうち信号成分 v_s によるもの

は

$$v_{sa} = \frac{1}{t_2-t_1}\int_{t_1}^{t_2} v_s(t)dt \tag{7.33}$$

で与えられる．一方，白色雑音の実効値 v_n は k を比例定数として

$$v_n = 1/k(t_2-t_1)^{1/2} \tag{7.34}$$

である．これから，SN 比が最大になる t_1, t_2 を求めてみよう．SN 比 R は (7.33), (7.34) 式から

$$R \equiv \frac{v_{sa}}{v_n} = \frac{1}{t_2-t_1}\int_{t_1}^{t_2} v_s(t)dt \cdot k(t_2-t_1)^{1/2}$$

である．これから

$$\frac{dR}{dt_1} = -k(t_2-t_1)^{-1/2}v_s(t_1) + \frac{k(t_2-t_1)^{-3/2}}{2}\int_{t_1}^{t_2} v_s(t)dt$$

である．$dR/dt_1 = 0$ から

$$v_s(t_1)(t_2-t_1) = \frac{1}{2}\int_{t_1}^{t_2} v_s(t)dt \tag{7.35}$$

が得られる．同様に

$$v_s(t_2)(t_2-t_1) = \frac{1}{2}\int_{t_1}^{t_2} v_s(t)dt \tag{7.36}$$

である．(7.35), (7.36) 式から

$$v_s(t_1) = v_s(t_2) \tag{7.37}$$

である．(7.35) 式の左辺は図 7.35 の B の部分の面積に，また，右辺の積分は面積 A+B に対応しているから，移動平均によって SN 比が最大になる条件は面積 A＝面積 B であることがわかる．

c. 加重移動平均 単純な移動平均ではなく

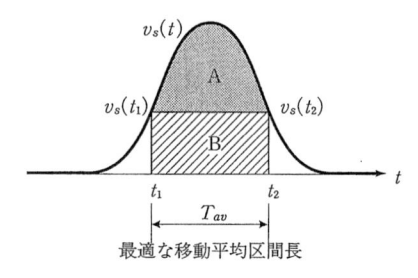

図 7.35 最適な移動平均区間長
面積 A＝面積 B となるように区間長をとった場合 SN 比が最大となる．

$$e_0(t) = \frac{1}{\tau W} \int_{t-\tau/2}^{t+\tau/2} e_{\text{in}}(t) w(t) dt \tag{7.38}$$

のように重み w をかけて移動平均することにより平滑化することが行われる．ここで W は正規化のための定数であり

$$W = \int_{t-\tau/2}^{t+\tau/2} w(t) dt \tag{7.39}$$

である．このような方法を**加重移動平均** (weighted moving average) という．(7.38), (7.39) 式を離散的に表現すれば

$$\left.\begin{array}{l} e_0(i) = \dfrac{1}{W} \sum\limits_{j=-m}^{m} e_{\text{in}}(i+j) w(j) \\ W = \sum\limits_{j=-m}^{m} w(j) \end{array}\right\} \tag{7.40}$$

となる．(7.40) 式では $2m+1$ 個のデータ点を，移動平均するデータの個数としているが，これらのデータ点を n 次曲線で最小 2 乗近似し，その曲線上の点を代表値とする方法が考えられる．$w(j)$ を適当にとることにより，(7.40) 式によりこの操作を行うことができ，2 次および 3 次曲線近似の場合 $w(j)$ は次のように与えられる．

$m=2$: $-3, 12, 17, 12, -3$

$m=3$: $-2, 3, 6, 7, 6, 3, -2$

$m=4$: $-21, 14, 39, 54, 59, 54, 39, 14, -21$

このようにしたときの (7.40) 式の伝達特性を図 7.36 に示す．図中，破線は単純

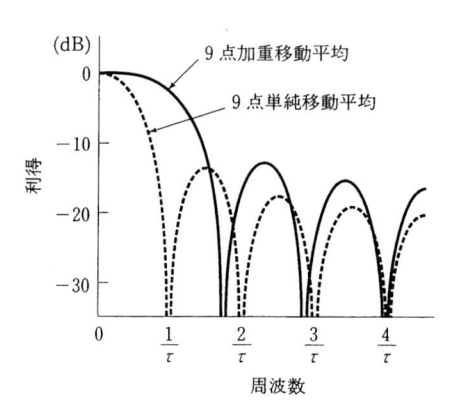

図 7.36 加重移動平均操作の伝達特性
加重移動平均の場合は単純移動平均の場合に比べ低周波域が平坦である．τ は移動平均区間 (図 7.5 参照).

移動平均の場合である.これをみると,両者はともに低域通過特性を有しているが,加重移動平均の場合には低周波域において平坦な部分があり,このため信号のひずみが単純移動平均の場合に比べて小さいことがわかる.しかし重みがある分,雑音の低減度は小さくなるのは避けられない.

7.3.5 同期加算

図7.37のような測定を考えよう.これは図7.31に示したものと同一である.本測定において,図7.38(a)のように繰り返しのこぎり波を入力すれば,出力は図(b)のようになるが,それを図(c)のように重ね合わせることを考えよう.

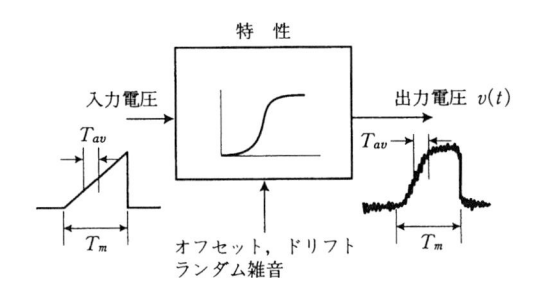

図7.37 のこぎり波を用いた特性測定
1回の測定時間は T_m であり,時間 t を中心とした区間 T_{av} の平均値をデータ $v(t)$ とする.

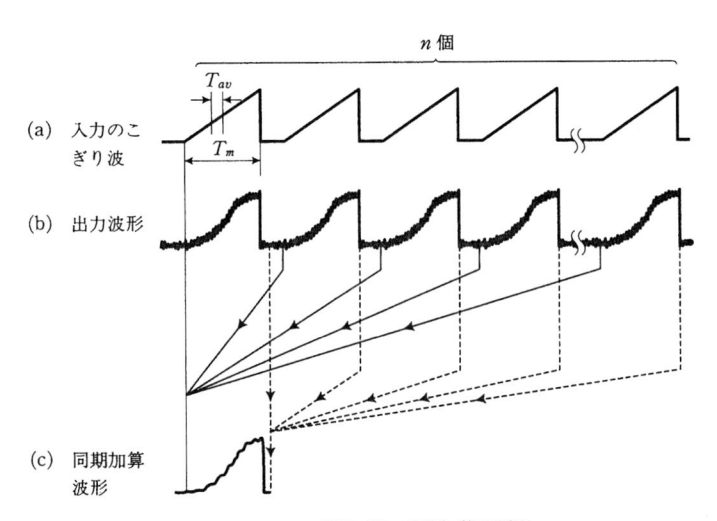

図7.38 同期加算の原理
同期加算では同一条件で行ったいくつかの波形をタイミングを合わせて加算する.

7.3 雑音の混入した信号の処理

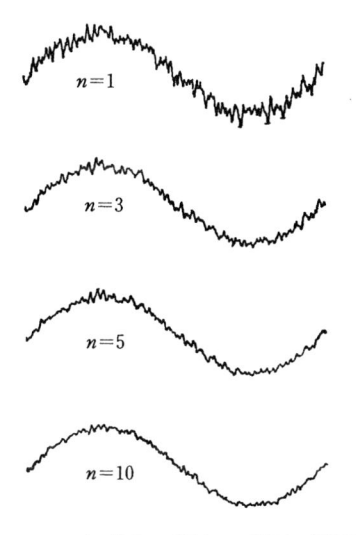

図 7.39 ランダム雑音の重畳した正弦波の同期加算
雑音の振幅は $1/\sqrt{n}$ になる．

こうすることにより，ランダム雑音が打ち消し合うことは直感的にわかるであろう．このように，同一の条件下で得られた多数の波形を，時間軸をあわせて積算する操作を**同期加算**，**積算平均化** (multiple time averaging)，**スタッキング** (stacking) などという．図 7.39 はランダム雑音の重畳した正弦波を同期加算した場合の例である．同期加算回数が増えるにつれてランダム雑音が低下していくのがわかる．

では，同期加算によってどのように雑音が抑圧されるかを考えてみよう．1 回の測定においてデータ 1 点あたりの測定時間 (平均区間) T_{av} を長くとると，それに逆比例して白色雑音は低下するが，それにともない信号成分も平均化され分解能が低下する．これに対して，同期加算では測定の分解能を低下させることなく，実効的に測定時間を長くすることができる．すなわち，測定の回数を n とすれば，白色雑音が平均化される区間は nT_{av} であり，白色雑音電力は 1 回の測定の場合の $1/n$ になる．

それでは図 7.40 のように，T_{av} を n 倍にすると同時に T_m も n 倍にして分解能が低下しないようにした場合と比較したらどうであろうか．この場合は確かに白色雑音の低下は $1/n$ となり，n 回の同期加算と同じである．しかし，これは相関のない白色雑音についていえることであって，一般のランダム雑音では積算

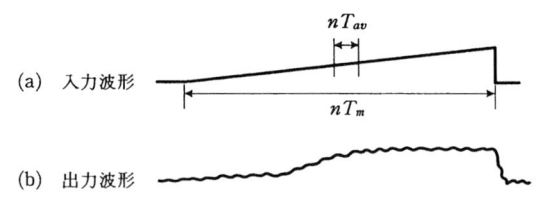

図 7.40 測定時間を n 倍にした測定

雑音が無相関の白色雑音であれば n 回の同期加算と効果は同じであるが，一般には雑音は相関を持つため，同期加算よりも雑音抑圧の効果は小さい．また，このような測定はオフセットやドリフトの影響が大きくなる．

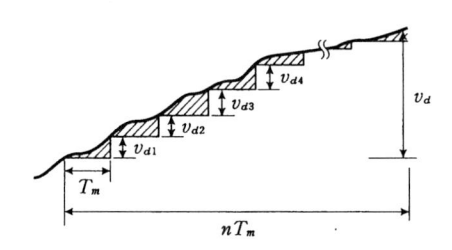

図 7.41 直流付近の雑音に対する同期加算の効果

1 回の測定ごとにゼロレベル補正をしたうえで同期加算すれば，直流付近の雑音の影響が $1/n$ になる．

する 2 つの時間区間が近いほど互いの雑音の相関は大きくなり，平均化の効果が減少する．同期加算の場合には，平均化する時間区間が十分離れているから互いの雑音は無相関と考えてよく，たんに測定時間を n 倍にした場合よりもランダム雑音は低下することになる．

以上では白色雑音のみについて考察してきたが，図 7.40 のように測定時間を長くとると，ドリフトや $1/f$ 雑音の影響が大きくなる．図 7.41 はこのような直流付近の雑音に対する同期加算の効果を示したものである．測定時間を nT_m としたとき，測定終了時のゼロレベルの変動が v_d であるとする．いま，1 回の測定ごとに図 7.32(a) のようなゼロレベル補正を行うものとすれば，平均的に考えて，測定時間 T_m の測定を n 回同期加算することによりドリフトの影響を $1/n$ にすることができる．

7.3.6 同期検波

a. 同期検波の原理 図 7.42(a) に示されるような，電圧-電流法による抵抗測定を考えよう．本測定では測定対象である抵抗に一定の電流を流し，その端子電圧を測定することにより抵抗値を測定するものである．この抵抗はセンサの

7.3 雑音の混入した信号の処理　　　153

(a) 直流測定

直流電流源／直流増幅器／ローパス・フィルタ／直流検出器

IR_x、I、未知抵抗 R_x、熱起電力などの影響、オフセットドリフト、白色雑音低域のためのフィルタ、v 検出直流分、オフセットドリフト 熱起電力

(b) 交流測定

交流電流源／交流増幅器／バンドパス・フィルタ／交流検出器

R_x、熱起電力の影響なし、増幅器出力のオフセット，ドリフト，誘導雑音、直流検出時ほど帯域幅を狭くとれない、白色雑音大、検出器自体は非線形ひずみ，オフセット，ドリフトを持つ、増幅器のオフセット，ドリフトの影響なし

(c) 同期検波

交流電流源／交流増幅器／符号器／ローパス・フィルタ／直流検出器

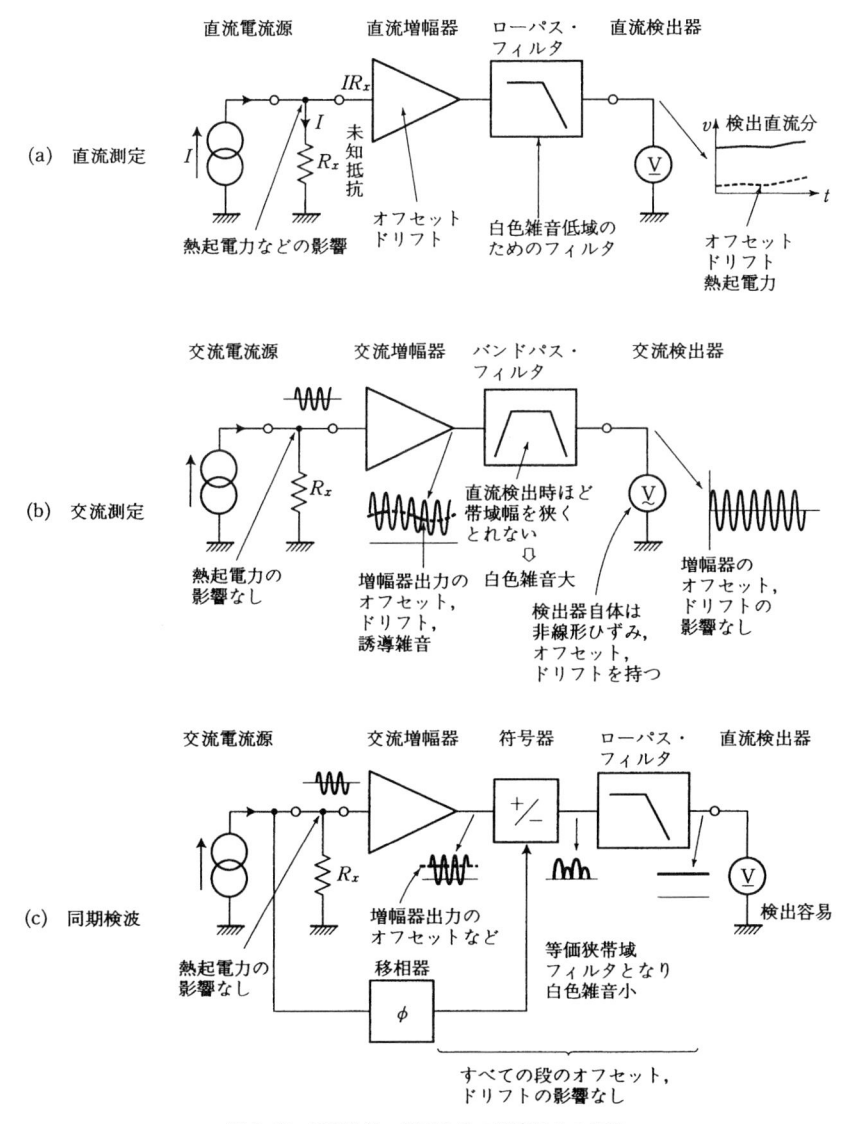

R_x、熱起電力の影響なし、増幅器出力のオフセットなど、移相器 ϕ、等価狭帯域フィルタとなり白色雑音小、検出容易、すべての段のオフセット，ドリフトの影響なし

図7.42　同期検波の原理と他の測定法との比較

ように他の物理量によって変化するものであってもよい．測定電圧は直流増幅器を用いないと検出できないほど微弱であるものとする．また，増幅器の白色雑音の影響を低下させるためローパス・フィルタにより帯域を制限している．このような測定では，ランダム雑音のほか，直流増幅器のオフセットやドリフトが大い

に問題になり，主に直流増幅器の性能によって測定精度が支配されることになる．また，5.6.1で述べたような熱起電力の影響も見逃すことができない．

図(b)は図(a)の電源を交流に置き換えたものである．それにともない，直流増幅器が交流増幅器に，ローパス・フィルタがバンドパス・フィルタに，直流検出器が交流検出器に置き換わる．このとき注意しなければならないのは測定対象である抵抗が電圧の正負に対して対称な特性を有していなければならないことと，交流を用いることにより抵抗の持つインダクタンスやキャパシタンスが影響しないことである．本測定では直流増幅器を使用しないため増幅器のオフセットやドリフトが問題にならないのが最大の特徴である．また，熱起電力の影響なども直流成分として除去される．しかし，白色雑音に対していえば，フィルタの特性の関係で直流検出に比べ帯域が広くならざるをえない[*]のでSN比は低下することになる．もしフィルタの帯域を十分狭くできたとしても，その帯域が信号の周波数と正確に一致する必要があり，周波数を変えた測定などを行おうとする場合困難を生ずる．さらに，信号の検出に交流検出器を用いなければならない点が問題である．なぜならば，交流の検出には整流などの操作が必要であるが，それには，非線形ひずみ，オフセット，ドリフトなどをともなうからである．

図(c)が**同期検波** (phase sensitive detection or discrimination, PSD) と呼ばれる方法である．本方法は図(b)と同様交流電源を用いているが，交流増幅の後，信号の正負に同期して符号が切り換えられる符号器を有していることが特徴である．図中，移相器は交流増幅段と同量の位相遅れを発生させるためのものである．図7.43は同期検波により，交流信号が直流信号に変換される様子を示したものである．このように，同期検波では信号源である抵抗値の変化を直流信号として取り出すことができる．

では同期検波の特徴について考えてみよう．まず，同期検波では図7.42(b)の方法と同様に交流電源を用いているため交流増幅器を用いることができる点があげられる．次に検出する信号が直流であるため検出が容易であり，また検出器の帯域幅を小さくとれるため白色雑音の影響が少ないことである．さらに，同期

---

[*] 一般にフィルタの特性は，図7.30にみられるように，周波数軸がカットオフ周波数や中心周波数で正規化した形で与えられる．たとえば，同じタイプのバンドパス・フィルタでは，中心周波数が10倍になれば通過帯域幅も10倍になる．したがって，高い周波数域のフィルタほど狭い帯域幅を得ることが難しくなる．

7.3 雑音の混入した信号の処理

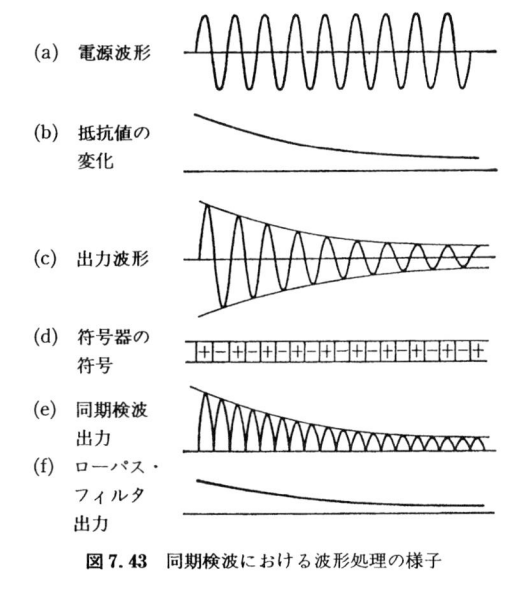

- (a) 電源波形
- (b) 抵抗値の変化
- (c) 出力波形
- (d) 符号器の符号
- (e) 同期検波出力
- (f) ローパス・フィルタ出力

図 7.43 同期検波における波形処理の様子

- (a) オフセットのかかった信号
- (b) 同期検波出力

図 7.44 同期検波のオフセット除去機能

検波は本質的に，測定系のオフセットやドリフトの影響を受けないことがあげられる．図7.44は同期検波のオフセット除去機能を示したものである．もし，符号器に入力される信号に増幅器のオフセットや熱起電力のために図(a)のようなオフセットがかかっているものとする．その時の符号器の出力は図(b)に示すようになり，ローパス・フィルタリング後の値はオフセットの影響を受けないことがわかる．これは5.6.1に述べた逆接続を自動的に行っていることにほかならないからである．図7.45は同期検波のドリフト除去機能を示したものである．図(a)には符号器に入力される信号のうちドリフト成分だけを示してある．このときの符号器の出力は図(b)のようになり，その平均値はゼロとなってドリフトの影響を受けないことがわかる．以上のように，オフセット，ドリフトの除去機能は同期検波の本質的な特徴の一つである．

(a) 符号器に入力される
オフセット，ドリフト

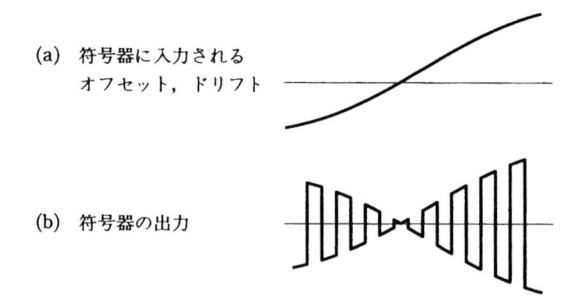

(b) 符号器の出力

図7.45 同期検波のドリフト除去機能

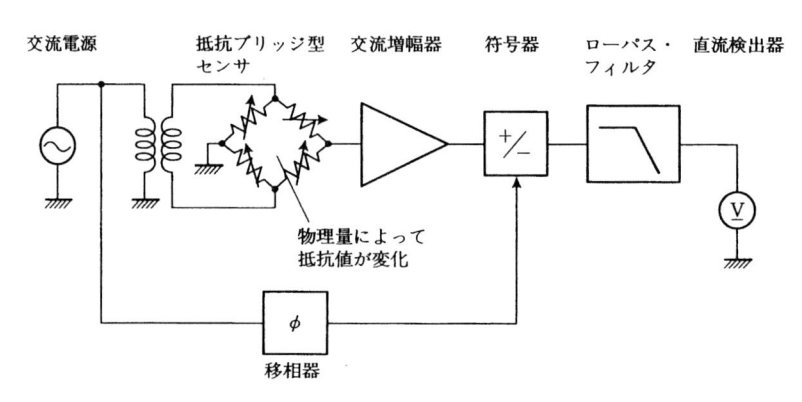

図7.46 ブリッジ出力の同期検波による測定
抵抗ブリッジ型センサでは測定対象の物理量によって抵抗値が変化し，それに応じて出力電圧が変化する．

図7.43(e)の波形をみると同期検波は両波整流と違いがないように思われるかもしれない．そこで両者の違いを考えてみよう．図7.46はブリッジ出力の同期検波による測定である．ブリッジ各辺の抵抗値は圧力や温度など，測定対象である物理量によって変化し，本測定ではそれによってその物理量を測定する．同期検波により測定を行う場合，ブリッジの電源を交流にする場合と物理量そのものを交流にする場合が考えられるが，この場合は前者を採用している．図7.47には物理量，たとえば圧力に対するブリッジの出力波形を示してある．図(a)は電源として直流を用いた場合のブリッジの出力である．圧力によって，出力電圧が正にも負にもなりうるのが，図7.42との大きな違いである．電源が交流の場合にはブリッジの出力は図7.47(b)のようになり，それを両波整流すれば図(c)のようになる．これに対して，同期検波では図(e)のように直流の出力に対応し

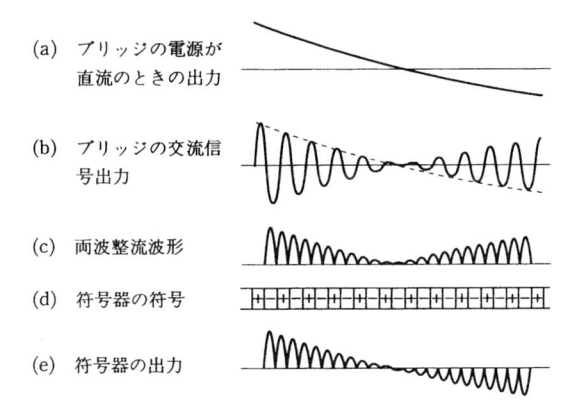

(a) ブリッジの電源が
　　直流のときの出力

(b) ブリッジの交流信
　　号出力

(c) 両波整流波形

(d) 符号器の符号

(e) 符号器の出力

図7.47 同期検波と両波整流の違い
同期検波では信号の符号まで検出できる.

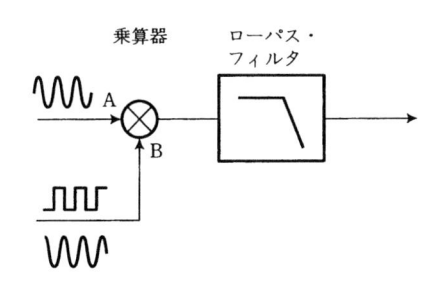

図7.48 符号器を乗算器で置き換えた同期検波器
入力Bを方形波にすれば符号器になる.

て正から負へ変化する信号を得ることができる. これが, 同期検波とたんなる両波整流による交流検出の大きな違いである.

b. 等価狭帯域特性　同期検波のもう一つの特徴は, ランダム雑音の抑圧機能である. 同期検波の機能を周波数領域で考えてみよう. 同期検波における符号器を図7.48に示すように乗算器で置き換えることにより, より一般的に議論することができる. 本乗算器において入力Bを方形波とすれば, これまで述べてきた符号器となる. 同期検波では入力Bの信号は方形波である必要はなく, 一般には正弦波が用いられる. このとき, 図7.48は図1.7や図7.21, 7.22と同一であり, 周波数変換器としてはたらいていることがわかる.

図7.49に周波数領域でみた同期検波のはたらきを, 入力Bが正弦波の場合と方形波の場合について示す. 図(a)は入力Aのスペクトルである. 図中には $1/f$

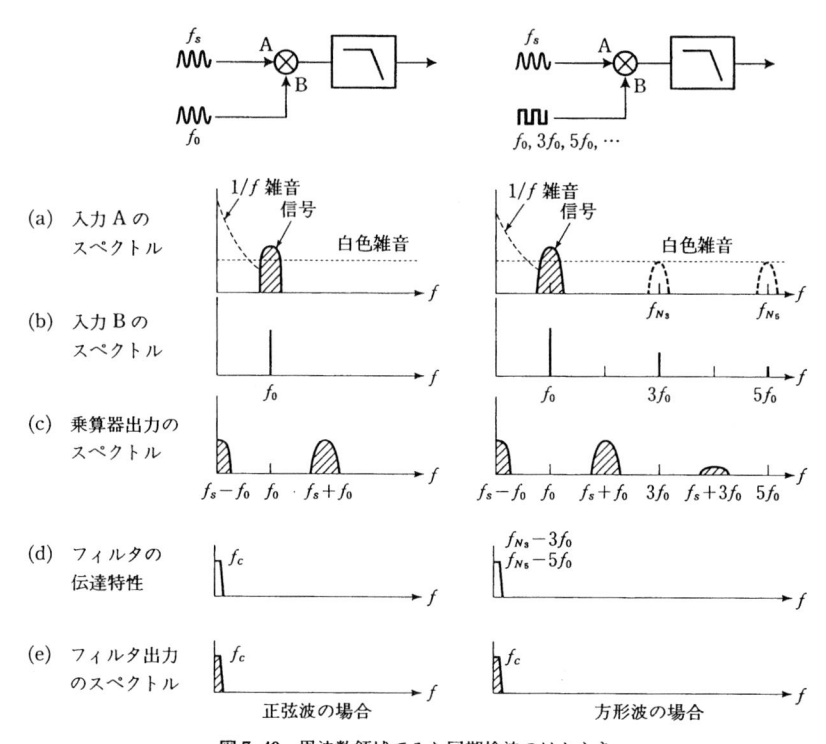

図7.49 周波数領域でみた同期検波のはたらき
信号は入力Bの信号により直流付近の信号に変換され，ローパス・フィルタリングが施される．

(a) 入力Aのスペクトル
(b) 入力Bのスペクトル
(c) 乗算器出力のスペクトル
(d) フィルタの伝達特性
(e) フィルタ出力のスペクトル

雑音と白色雑音のスペクトルも示してあるが，信号周波数 f_s は，$1/f$ 雑音の影響を受けない領域に設定してある．信号がある周波数幅を持っているのは，信号の振幅がゆっくりと変化していることと雑音が混入していることに対応している．入力Bに $f_0=f_s$ なる正弦波あるいは方形波を入力すれば，信号は図(c)のように直流付近の信号に変換される．ここで注意すべきことは，この直流付近の信号には前段までの $1/f$ 雑音や直流雑音が含まれていないことである．その信号をカットオフ周波数 f_c の低域フィルタを通過させることにより帯域を制限し所望の信号を得る．入力Bが正弦波の場合と方形波の場合は，その機能はおおむね同じであるが，方形波の場合には，周波数 $3f_s, 5f_s, 7f_s, \cdots$ 付近の白色雑音も直流付近に変換されることになり雑音レベルは大きくなる*．

---

* 一般に，入力Aの波形とBの波形が等しいときSN比は最大になる．

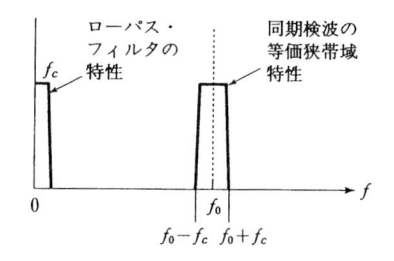

図7.50 同期検波の等価狭帯域特性
ローパス・フィルタの遮断周波数 f_c は原理的にはいくらでも低くすることができるから，非常に狭い帯域幅の帯域通過特性が得られる．

以上の機能を入力Aのスペクトル上で考えてみると，図7.50に示すように，入力Aの信号のうち $[f_s-f_c, f_s+f_c]$ の周波数帯域の成分だけが検出されていることになる．一般に，ローパス・フィルタは原理的にその遮断周波数はいくらでも下げることができ，それにともない同期検波では，実効的に非常に狭い帯域幅のバンドパス・フィルタを実現できることになる．しかも，図7.46のように2つの入力を同一の交流電源からとれば，その中心周波数は信号周波数と一緒に変化するから測定にきわめて好都合である．このように，周波数変換によって得られた狭帯域特性を**等価狭帯域特性**という．

以上のように，同期検波では，$1/f$ 雑音や直流雑音が除去されるとともに，原理的に周波数帯域をいくらでも狭くすることができるから，白色雑音の影響も最小限に抑えることができる*．さらに等価狭帯域特性は，誘導雑音など信号と異なった周波数を持つ雑音の除去に有効であることはいうまでもない．

c. ロックイン・アンプ 同期検波の機能を有した汎用の測定器として，**ロックイン・アンプ** (lock-in amplifier) がある．図7.51にロックイン・アンプのブロック・ダイアグラムを示す．ロックイン・アンプを用いることにより，雑音に埋もれた微弱な信号を測定することができる．また，移相器の目盛を読むことにより位相特性も測定することができるため，機器や素子の周波数特性を測定するのに用いられる．

d. チョッピング 同期検波は雑音を含む信号の計測に有効であるが，どの測定でも上記の手法を用いることができるわけではない．たとえば，材料試験に

---

* 実際の同期検波による計測では入力Bの信号に含まれる雑音，乗算器の誤差，乗算器の発生する雑音，ドリフト，オフセット，などが影響する．

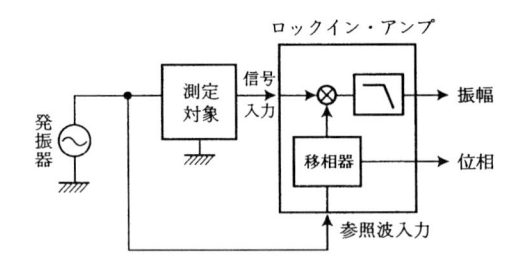

図 7.51 ロックイン・アンプの構成
ロックイン・アンプによれば同期検波により雑音に埋もれた信号の測定や，系の振幅，位相特性を測定することができる．

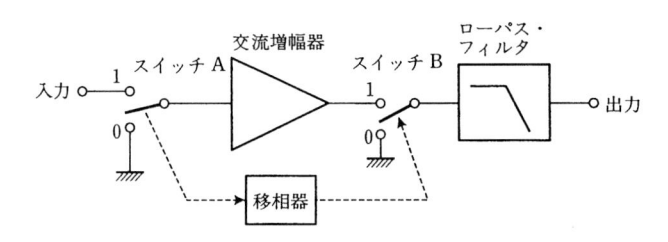

図 7.52 チョッピングによる同期検波
チョッピングではスイッチなどにより信号を断続させた後，交流増幅，同期検波を行う．

おいて荷重を正負に振った場合その特性は正または負の場合と大きく異なるであろうし，また，荷重を $1/f$ 雑音が問題にならない周波数で変化させることも非現実的である．また，50 MHz 以上の高周波帯での測定では高精度で動作する乗算器あるいは符号器が実現しにくいため，VHF 以上の帯域で上記の手法を用いることは困難である．

このような場合，**チョッピング** (chopping) による同期検波が用いられる．図 7.52 はその原理図である．チョッピングでは入力である直流信号をスイッチ A によりオン・オフする．このスイッチは電気的なものでもよいが，たとえば光の測定などの場合には断続的に光を遮ってもよい．チョッピングではこのようにしてオン・オフされた信号を交流増幅し，その後，スイッチ A と連動したスイッチ B により検波を行う．図 7.53 には一連の波形を示してある．図 (a) は信号波形，(b) はチョッピング後の波形である．この波形を交流増幅すると図 (c) のように正負対称の波形となる．そこでこれを，スイッチ B により検波すれば，図 (e) のような波形が得られ，ローパス・フィルタを通すことにより，信号波形に対応した波形が得られる．本方法によっても等価狭帯域特性が得られ，白色雑音の影

(a) 入力記号

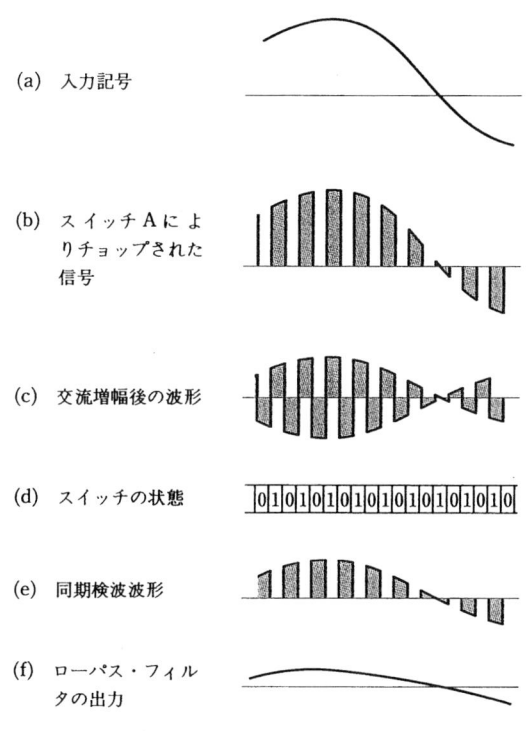

(b) スイッチAによりチョップされた信号

(c) 交流増幅後の波形

(d) スイッチの状態

(e) 同期検波波形

(f) ローパス・フィルタの出力

図 7.53 チョッピング同期検波による波形処理の様子

響を低減することが可能である.

しかし,さきに述べた同期検波との大きな違いは測定系のオフセット,ドリフト,$1/f$ 雑音など直流付近の雑音の除去機能がないことである.たとえば,図 7.52 において交流増幅器の出力がオフセットを持っていた場合,図 7.53 (c) の波形は正負対称とはならず,どちらかに偏ったものとなる.これをスイッチ B により検波すれば,その出力にはそのオフセットがそのまま現れることがわかるであろう.他の直流付近の雑音についても同様なことがいえる.このためチョッピングによる同期検波では,適当なハイパス・フィルタリングが併用されることが多い.

付録 A　正弦波信号の複素数表示

　フーリエ級数やフーリエ変換理論が示すように，あらゆる信号波形は正弦波成分に分解することができる．このように正弦波は信号波形のなかでもっとも基本的な波形である．正弦波信号は

$$e(t) = A\sin(\omega t + \varphi) \tag{A.1}$$

と表され，角周波数 ω，振幅 A，位相 φ の3つのパラメータを有している．いま，角周波数を固定して考えると，正弦波は振幅と位相の2つのパラメータを持った信号であり，これはちょうどベクトルが，大きさと方向の2つのパラメータを持っていることと類似している．

　(A.1)式において，$\varphi = \pi/2$ とすれば，

$$e(t) = A\sin\left(\omega t + \frac{\pi}{2}\right) = A\cos\omega t \tag{A.2}$$

であるから，余弦波も正弦波と本質的に変わりはなく，位相項 φ を考えることにより，両者を統一して扱うことができる．

　2つのパラメータを持った変数を考える場合，複素数あるいはベクトルを用いると便利である．いまここで，$e^{j\theta}$ なる関数を考える．$e^{j\theta}$ は図 A.1 に示すよう

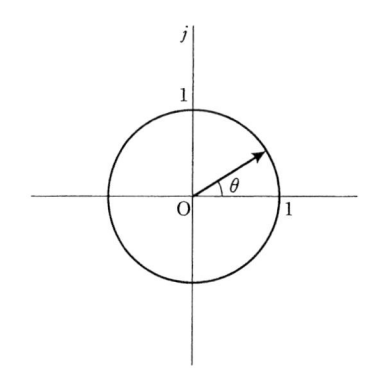

図 A.1　$e^{j\theta}$ の複素平面上での表示

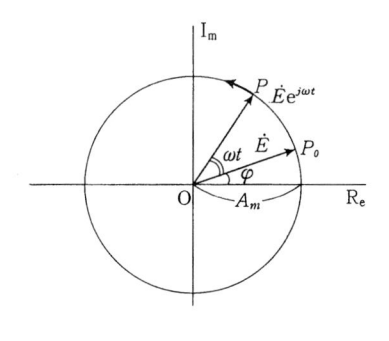

図 A.2　$Ae^{j(\omega t+\varphi)}$ の複素平面上での表示
$Ae^{j(\omega t+\varphi)}$ は長さ A の回転ベクトルを表す．

に複素平面上の単位円の1点,すなわち,長さが1で方向がθのベクトルを表している.また,オイラーの公式より,

$$e^{j\theta} = \cos\theta + j\sin\theta \tag{A.3}$$

であるから,これは正弦波と余弦波,すなわち位相が$\pi/2$異なった2つの正弦波を組み合わせたものであることがわかる.

以上のことから,振幅と位相の2つのパラメータを持った正弦波信号を

$$e(t) = Ae^{j(\omega t + \varphi)} \tag{A.4}$$

と表すことが一般的に行われる.このことを**正弦波の複素数表示**という.

複素平面上において(A.4)式は図A.2のように表される.すなわち,$t=0$においては$e(t)$はベクトルOP_0を表し,偏角はφである.$t=t$においては$e(t)$はベクトルOPであり,これは,反時計回りに回転する回転ベクトルを表している.

いま,振幅と位相の異なった2つの正弦波信号

$$\left.\begin{array}{l} e_1(t) = A_1 e^{j(\omega t + \varphi_1)} \\ e_2(t) = A_2 e^{j(\omega t + \varphi_2)} \end{array}\right\} \tag{A.5}$$

を考えてみよう.これを複素平面上に図示すれば,図A.3のようになる.図には$t=0$のときの値をベクトルOP_1, OP_2で表している.各々のベクトルは同じ角速度ωで反時計回りに回転しており,両者の偏角の差(位相差)はつねに$\varphi_2 - \varphi_1$である.したがって,2つのベクトルの相対的な位置関係は時間にかかわらず一定であることがわかる.

図A.3 2つの正弦波信号の複素平面での表示
両者は回転ベクトルであるが,両者の相対的な位置関係は一定である.

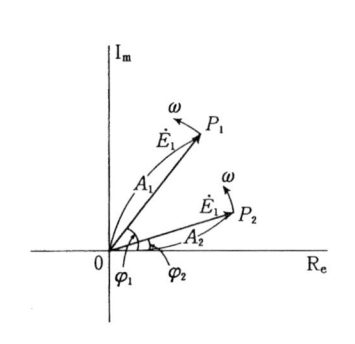

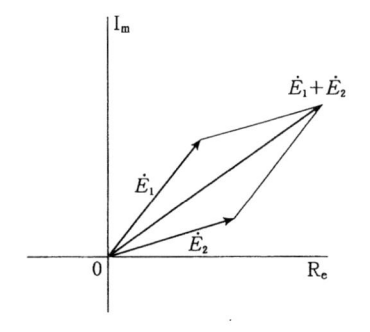

図A.4 2つの正弦波信号の和のベクトル演算

いま，2つの信号の和を考えてみよう．(A.5) 式より両者の和は

$$e_1(t) + e_2(t) = A_1 e^{j(\omega t + \varphi_1)} + A_2 e^{j(\omega t + \varphi_2)}$$
$$= (A_1 e^{j\varphi_1} + A_2 e^{j\varphi_2}) e^{j\omega t} \tag{A.6}$$

である．$e^{j\omega t}$ が回転を表す項であり，$A_1 e^{j\varphi_1} + A_2 e^{j\varphi_2}$ は図 A.4 に示すように，2つのベクトルの和として表される．このように，正弦波信号の和や差は，ベクトルの和や差として容易に求めることができる．

また，

$$\frac{d}{dt} e^{j\omega t} = j\omega e^{j\omega t} \tag{A.7}$$

$$\int e^{j\omega t} dt = \frac{1}{j\omega} e^{j\omega t} + C \tag{A.8}$$

であるから，微分演算はたんに，もとの関数と $j\omega$ との積，積分演算は $1/j\omega$ との積で表すことができる．このように，複素数表示された正弦波信号の各種演算を行っても $e^{j\omega t}$ はそのままの形でのこるから，図 A.4 の例のように $e^{j\omega t}$ を除外した項のみで考えることができ，取り扱いが容易になる．

付録 B　IC 演算増幅器

IC 演算増幅器 (IC operational amplifier) は，融通性のある有力な回路素子であり，増幅，インピーダンス変換，波形処理など，広範な分野で用いられている．演算増幅器はもともと，アナログコンピュータの演算用高利得増幅器の呼称であったが，当初の真空管式からモノリシック IC 演算増幅器が出現するにおよび，急速にその応用範囲が拡大し，現在，代表的汎用リニア IC となるに至っている．

演算増幅器は外付けの素子により，多くの機能を持たせることができ，しかもその特性が，基本的には外付け素子によってのみきまり，演算増幅器内部の特性に依存しないことから，容易に高度な機能回路を実現することができる．

以下，IC 演算増幅器の基本的な動作，特性ならびに，それを用いた基本的な回路のはたらきについて概説する．

B.1　理想演算増幅器とその動作

B.1.1　理想演算増幅器

演算増幅回路の理解を早めるために，まず，理想化された演算増幅器を考え，その動作および，それを用いた演算増幅回路のはたらきを考えよう．

汎用の IC 演算増幅器は，一種の高利得差動増幅器である．図 B.1 はその等価回路である．本図のように演算増幅器は 2 つの入力端子の差の電圧を増幅し，対

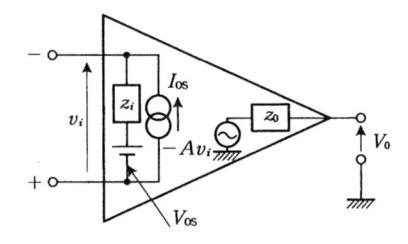

図 B.1　演算増幅器の等価回路
演算増幅器は一種の高利得差動増幅器である．

表 B.1 LF356 の主な特性

入力インピーダンス	z_i	$10^{12}\,\Omega$
出力インピーダンス	z_0	$40\,\Omega$
利得 A	2×10^5,	$f=30\,\text{Hz}$
	2×10^4,	$f=300\,\text{Hz}$
入力オフセット電圧	V_{os}	$3\,\text{mV}$
入力オフセット電流	I_{os}	$3\,\text{pA}$
GB 積		$5\,\text{MHz}$

接地電圧として出力端子に出力する.理想演算増幅器とは,本等価回路において,

(a) 入力インピーダンス z_i が無限大,
(b) 出力インピーダンス z_0 がゼロ,
(c) 利得 A が非常に大きく,かつ,周波数に依存しない,
(d) オフセット電圧 V_{os},オフセット電流 I_{os} がゼロ,

であるような増幅器である.表 B.1 に代表的な IC 演算増幅器である,LF 356 の特性を示す.本表に示されるように,一般の IC 演算増幅器は,ある条件下では,ほぼ理想演算増幅器の条件を満足している.

B.1.2 演算増幅回路

理想演算増幅器に図 B.2(a),(b) のように,インピーダンスを接続したときの動作を考えよう.いま,図 B.2(a) において B 点の電位を v とすると,

$$\begin{cases} V_0 = -Av \\ v = V_i + \dfrac{Z_s}{Z_s+Z_f}(V_0 - V_i) \end{cases} \tag{B.1}$$

が成立する.これから,出力電圧 V_0 は,

$$V_0 = \frac{-1}{\dfrac{1}{A}+\dfrac{Z_s}{Z_s+Z_f}} \frac{Z_f}{Z_s+Z_f} V_i$$

$$\simeq -\frac{Z_f}{Z_s} V_i \quad \left[A \gg 1+\frac{Z_f}{Z_s}\right] \tag{B.2}$$

となる.もし,Z_s,Z_f が抵抗であれば,この回路は利得 $-Z_f/Z_s$ の**反転増幅回路**としてはたらく.また,図 B.2(b) については,

$$\begin{cases} V_0 = A(V_i - v) \\ v = \dfrac{Z_s}{Z_s+Z_f} V_0 \end{cases} \tag{B.3}$$

(a) 反転増幅回路　　　　(b) 非反転増幅回路

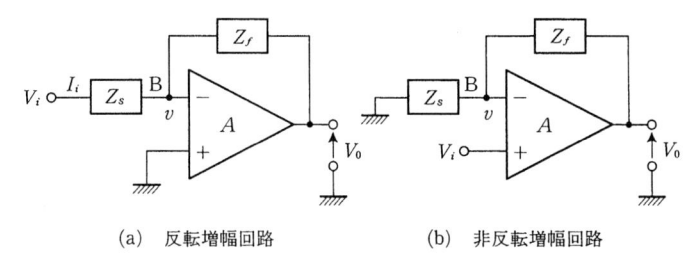

図 B.2 演算増幅器を用いた基本回路
回路の利得は外付けのインピーダンスのみによって定まる.

であり，出力電圧 V_0 は，

$$V_0 = \frac{-1}{\frac{1}{A}+\frac{Z_s}{Z_s+Z_f}} V_i$$

$$\simeq \left[1+\frac{Z_f}{Z_s}\right] V_i \quad \left[A \gg 1+\frac{Z_f}{Z_s}\right] \tag{B.4}$$

となり，Z_s, Z_f が抵抗であれば，この回路は利得が $(1+Z_f/Z_s)$ の**非反転増幅回路**としてはたらく.

図 B.2(a) において $Z_s=R$, $Z_f=1/sC$ ($s=j\omega$) ならば，伝達関数は $1/sCR$ となって**積分器**に，$Z_s=1/sC$, $Z_f=R$ ならば sCR となって**微分器**となる. このように，演算増幅器では，演算増幅器内部の特性によらず，外付けのインピーダンスの値によって，各種伝達特性を持たせることができる. このようなはたらきを利用して，演算増幅器は，各種アナログ演算，波形制御などに広く用いられている.

B.1.3 仮想接地点の概念

もう一度，図 B.2(a) の回路について考えよう. 図において，B 点の電位 v は

$$v = -\frac{1}{A} V_0 \simeq 0 \tag{B.5}$$

すなわち，演算増幅器が飽和せずに正常に動作しているときには，B 点の電位はほとんどゼロに等しい. このため，B 点は "**仮想接地点**" (virtual ground) と呼ばれる. この特性に着目すれば演算増幅回路のはたらきを簡便に理解することができる. すなわち，B 点の電位はゼロであり演算増幅器の入力インピーダンスは無限大であるから，図 B.2(a) の等価回路は図 B.3 のように書ける. 図 B.3 において I_i はすべて Z_f に流れ，また，

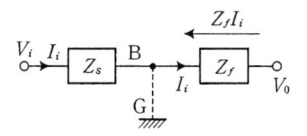

図 B.3 仮想接地点の概念
B 点の電位はゼロであるが，G へは電流は流れない．

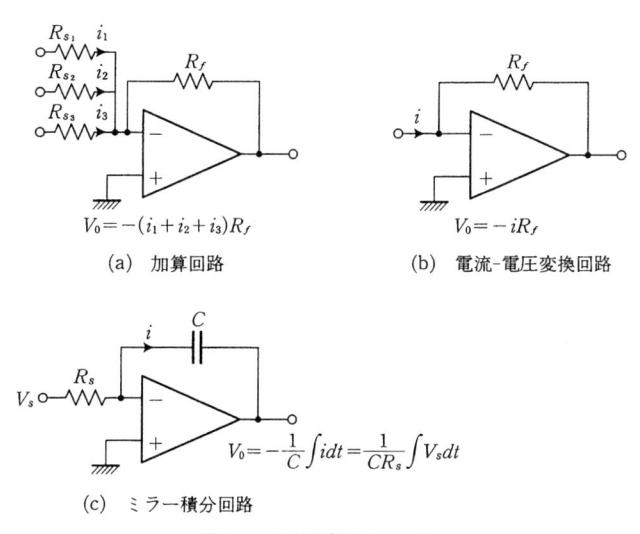

(a) 加算回路　　$V_0 = -(i_1 + i_2 + i_3)R_f$

(b) 電流-電圧変換回路　　$V_0 = -iR_f$

(c) ミラー積分回路　　$V_0 = -\dfrac{1}{C}\int i\,dt = \dfrac{1}{CR_s}\int V_s\,dt$

図 B.4　演算増幅器応用回路

$$I_i = \frac{V_i}{Z_s}$$

であるから，

$$V_0 = -Z_f I_i \simeq -\frac{Z_f}{Z_s} V_i$$

となって，(B.2) 式が容易に得られる．

この仮想接地の性質を利用して，たとえば，図 B.4 (a) の加算回路，(b) の電流-電圧変換回路 (入力インピーダンスがゼロなので，理想電流計となる) などが実現できる．また，(c) のミラー積分回路も入力電圧 V_i を電流 V_i/R に変換し，その電流を C で積分していると考えることもできる．

B.2 IC演算増幅器の特性

現実の演算増幅器では,さきにあげた理想演算増幅器の条件 (a)〜(d) を完全には満足しない.現実の演算増幅器と理想演算増幅器の違いのなかで,最も大きなものの一つは,増幅度の周波数依存性である.演算増幅器の多くは,その利得 A は図 B.5 に示すように有限であり,かつ,ある周波数以上では周波数に逆比例して減少する.利得が 1 になる周波数は演算増幅器の特性によってきまり,**GB 積** (gain-band-width product) と呼ばれる.GB 積は演算増幅器の性能を表すパラメータとして用いられる.このような特性を持った演算増幅器で反転あるいは非反転増幅器を構成すると,その特性は設定利得をパラメータとして図 B.5 の点線のようになる.演算増幅器の利得 A が 1 よりも十分大きくないような周波数範囲では,上に述べた応用回路において誤差の原因となるから注意を要する.

現実の演算増幅器では,このほか,オフセット電圧,オフセット電流などが実用上問題になることがある.

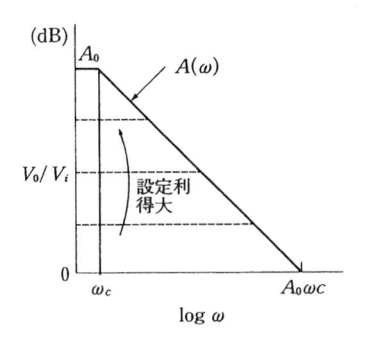

図 B.5　現実の演算増幅器の増幅度の周波数特性

参 考 文 献

〔電気・電子計測全般に関するもの〕
山崎　亨，岩村　衛：「電気測定」，電気書院 (1983)
菅野　允：「電磁気計測 (電子通信学会編電子通信学会大学シリーズ)」，コロナ社 (1982)
高木　相：「電気・電子応用計測」，朝倉書店 (1989)

〔電気回路，交流理論に関するもの〕
新妻弘明：「電気回路を中心とした線形システム論」，朝倉書店 (1999)
喜安善市，斎藤伸自：「電気回路 (電気工学基礎講座 6)」，朝倉書店 (1977)
榊米一郎，大野克郎，尾崎　弘：「電気回路 (1)」，オーム社 (1980)

〔信号波形，スペクトル解析に関するもの〕
高橋進一，中川正雄：「信号理論の基礎」，実教出版 (1976)
F. R. コナー，鎌田一雄訳：「信号入門 (電子通信工学シリーズ 1)」，森北出版 (1985)
日野幹雄：「スペクトル解析」，朝倉書店 (1977)
佐藤幸男：「信号処理入門」，オーム社 (1987)

〔雑音に関するもの〕
宮脇一男：「雑音解析」，朝倉書店 (1961)
C. D. モッチェンバッヒャー，F. C. フィッチェン，斎藤正雄監訳：「低雑音電子回路の設計」，近代科学社 (1977)
H. W. オット，松井学夫訳：「実践ノイズ逓減技法」，ジャテック出版 (1978)
F. R. コナー，広田　修訳：「ノイズ入門 (電子通信工学シリーズ 6)」，森北出版 (1985)

〔電子回路に関するもの〕
齋藤忠夫：「電子回路入門」，昭晃堂 (1977)
江刺正喜，樋口龍雄：「電子情報回路 I，II」，昭晃堂 (1989)
永田　穣：「IC 演算増幅器とその応用」，日刊工業新聞社 (1975)

〔信号処理に関するもの〕
T. W. Wilmshurst : "Signal Recovery from Noise in Electronic Instrumentation", Adam Hilger (1985)
柳沢　健，金光　磐：「アクティブフィルタの設計 (産報，電子科学シリーズ 52)」(1973)
今井　聖：「ディジタル信号処理 (産報，電子科学シリーズ 88)」(1973)
電子通信学会編：「ディジタル信号処理」，電子通信学会 (1975)

城戸健一：「ディジタル信号処理入門」，丸善 (1985)
樋口龍雄：「ディジタル信号処理の基礎」，昭晃堂 (1986)
南　茂夫：「科学計測のための波形データ処理」，CQ出版社 (1986)

〔ハンドブック〕
片岡照栄，柴田幸男，髙橋　清，山﨑弘郎編：「センサハンドブック」，培風館 (1986)
髙橋　清，佐々木昭夫編：「アドバンストセンサハンドブック」，培風館 (1994)
山﨑弘郎ほか編：「計測工学ハンドブック」，朝倉書店 (2001)

索　引

CMRR　75
DSP　144
FFT　133
FIR フィルタ　144
GB 積　170
IC 演算増幅器　166
IIR フィルタ　144
Jhonson 雑音　50
MEM　133
NEP　57
Nyquist 雑音　50
n 次高調波　38
PSD　154
Q メータ　113
RMS−DC コンバータ　126
RMS 値　37
SI　9
sinc パルス　45
SN 比　56
tan δ　54

あ　行

アイソレーションアンプ　84
アクティブ・ブリッジ　111
アース　61, 72
圧電効果　28
圧電材料　28
圧電センサ　28
圧力計　18
圧力ゲージ　33

位相　163

移相器　128, 154
位相差　126
位相スペクトル　40, 44
位相遅延　140
位相特性　139
位置センサ　19
移動平均　120, 147
インダクタンスの雑音　55
インダクタンス変化型センサ　17
インピーダンス変化型センサ　14

渦電流　23

エア・ギャップ法　94
液面計　18
液面センサ　20
エネルギースペクトル　45
$1/f$ 雑音　52, 55, 136, 137
エミッタフォロア回路　66
演算増幅回路　167
遠方電磁界　71

オイラーの公式　164
オシロスコープ　84
オフセット　55, 65, 145, 154
オプトアイソレータ　83
温度センサ　16

か　行

外部雑音　48, 60
開放電圧　31
外来雑音　48

ガウス雑音　50
ガウスの誤差法則　117
ガウス分布　50, 117
角周波数　163
角度センサ　20
確率密度関数　117
カー効果　94
加算回路　169
過失誤差　116
加重移動平均　149
荷重計　18, 33
過剰雑音　54
仮想接地点　168
加速度計　18
加速度センサ　20, 29
ガードリング　103
可変抵抗器　16
環境誤差　116
感度　6

基準電位　61
基準量　2
起電力型センサ　24
基本単位　9
基本波　38
逆接続　65, 155
筐体　69
強誘電体　28
金属探知機　22
近傍電磁界　70

偶然誤差　117
組み立て単位　9
群遅延　140

計測　1
系統誤差　116
検出能　58

検波　134

校正　12
交流ブリッジ　109
国際単位系　9
誤差　115
誤差伝播の法則　118
誤差率　116
個人誤差　116
コモンモード　62
コモンモード雑音　73
コモンモード電圧　83
孤立波　42
コンデンサの雑音　54

さ 行

最小2乗近似　149
雑音　3, 48
雑音源　50
　――の等価回路　58
雑音指数　56
雑音帯域幅　51
差動増幅　75
差動増幅器　75
作動トランス　22
差動モード　62
差動利得　75
サーミスタ　16
3電圧計法　124
サンプリング・オシロスコープ　86

時間領域　47
磁気ヘッド　25
指示計器　87, 95
2乗平均値　36, 123
実効値　37, 56, 125
4辺ブリッジ　106
シャーシ　69, 77

周期　36
周期信号　36
周波数カウンタ　131
周波数スペクトル　41, 130
　——の測定　133
周波数掃引　134
周波数領域　47
瞬時電力　123
乗算器　124
焦電効果　28
ショット雑音　53, 55
シールド　67
シールドケーブル　70
真空計　18
信号エネルギー　123
信号源　2
信号源インピーダンス　32
信号源インピーダンス変換　66
信号処理　2
振動センサ　26
振動容量型電位計　91
振幅　163
振幅スペクトル　40, 44
振幅特性　139

スキンデプス　72
スタッキング　151
ストレインゲージ　15, 33
スーパー・ヘテロダイン　8
スーパー・ヘテロダイン方式　134
スペクトラム・アナライザ　134

正規分布　50
正弦波の複素数表示　164
静電型電圧計　92
静電シールド　69
静電誘導　66
積算平均化　151

積分器　168
接触電位差　26, 91
絶対誤差　115
ゼーベック効果　27
ゼロ位法　5, 89, 91
ゼロレベル補正　144
線間モード　62
線形性　46
センサ　2, 14
線スペクトル　41

掃引発振器　134
相互インダクタンス　21, 71
相互インダクタンス変化型センサ　21
相対誤差　116
測定　1
測定帯域幅　54
素子の雑音　53
ソレノイドコイル　17

た　行

ダイナミック・レンジ　49
たたみこみ積分　47
単位　1, 9
単位インパルス　45
単発信号　42
短絡電流　31

チェビシェフ特性　142
遅延　140
遅延時間　140
遅延トリガ　86
チャージアンプ　99
超音波　28
直線位相特性　139
チョッピング　160

抵抗計　104

索引

抵抗線ひずみゲージ　15, 33
抵抗の雑音　54
抵抗ブリッジ　33
抵抗分圧器　81
抵抗分流器　82
抵抗変化型センサ　14
ディジタル・オシロスコープ　87
ディジタル・ボルトメータ　89
テスタ　104
電圧源　30
電圧-電流法　100
電位差計　64, 88
電位差計法　106
電荷源　33
電気光学効果　94
電源インピーダンス　31
電子素子, 電子回路の雑音　55
電子電流計　96
電磁波　71
電磁波電力計　18
電磁誘導　70
電磁誘導型センサ　24
電磁流量計　25
伝達インピーダンス　20
伝達インピーダンス変化型センサ　19
電池　32
電流源　31
電流-電圧変換回路　169
電流トランス　96
電流プローブ　96
電力　122

等価狭帯域特性　159
等価雑音電力　57
等価入力雑音電圧　59
等価入力雑音電流　59
同期　85
同期加算　151

同期検波　154
同期整流　129
同軸ケーブル　63
同相除去比　75
同相モード　62
同相利得　75
トランス　66
トランスジューサ　14
トリガ　85
ドリフト　55, 65, 136, 145, 154
トレーサビリティ体系　13
トーンバースト信号　45

な行

内部雑音　48

2芯シールドケーブル　77
入力インピーダンス　79
入力換算雑音電圧　59
入力換算雑音電流　59

熱起電力　27, 53, 61, 64
熱起電力型センサ　26
熱雑音　50, 55
熱電型計器　97
熱電対　27, 32

ノーマルモード　62

は行

ハイパス・フィルタ　139
パイロ効果　28
パイロセンサ　28
白色雑音　51, 53, 55, 137
パーシバルの等式　42
バターワース特性　142
ハードディスク　25
バルクハウゼン雑音　55

パルス変調　125
パワースペクトル　41
パワースペクトル密度関数　45
バンドパス・フィルタ　139

ピーク値　121
ピーク値検出回路　121
ひずみセンサ　15
ひずみ波　38
非接触距離計　22
皮相電力　123
微分器　168
表皮効果　72

ファラデー・ケージ　99
フィードバック　3
フィルタの伝達特性　139
フィルタリング　137, 146
フォトカプラ　83
不規則雑音　50
複素スペクトル　40
不平衡モード　62
浮遊インピーダンス　34
浮遊容量　34, 61
フーリエ逆変換　44
フーリエ級数　37
フーリエスペクトル　44
フーリエ変換　44
ブリッジ　106
プリ・トリガ　87
フローティング入力回路　77
分圧　81
分解能　48
分流　81

平滑化　121, 146
平均値　36, 118
平衡　107

平衡モード　62
ベクトル・インピーダンス・メータ　104
ベッセル特性　144
変位センサ　20, 21
偏位法　5
偏芯センサ　20
変成器ブリッジ　111

ホイートストン・ブリッジ　108
方形パルス　45
鳳-テブナンの定理　31
包絡線　122
補償法　7
ポッケルス効果　94
ホール効果　23
ホール素子　23, 24
ボルテージフォロア回路　66

ま　行

マイクロセンサ　19

ミラー積分回路　169
ミラー積分器　90
ミルマンの定理　34

漏れコンダクタンス　61

や　行

誘電損失　54
誘導雑音　33
有能電力　35, 50
ユニバーサル・カウンタ　132
ゆらぎ　52

容量変化型センサ　19
4極法　102

ら 行

ランダム雑音　50, 135, 145, 154

力率　123
リサージュ図形　127
理想演算増幅器　166
理想電圧計　79
理想電圧源　30

理想電流計　79
理想電流源　31
理想トランス　66
リップル　142
流速計　18

ロックイン・アンプ　159
ローパス・フィルタ　139

著者略歴

新妻 弘明（にいつま ひろあき）
1947年　秋田県に生れる
1975年　東北大学大学院工学研究科
　　　　博士課程修了
現　在　東北大学大学院環境科学研究科
　　　　教授
　　　　工学博士

中鉢 憲賢（ちゅうばち のりよし）
1933年　福岡県に生れる
1962年　東北大学大学院工学研究科
　　　　博士課程修了
現　在　東北学院大学工学部教授
　　　　工学博士

電気・電子・情報工学基礎講座 5
新版　電気・電子計測　　　　　　　　　定価はカバーに表示

1989年 12月 10日　初版第 1 刷
2002年 4月 1日　　　第 12 刷
2003年 4月 1日　新版第 1 刷
2025年 8月 25日　　　第 17 刷

　　　　　　　　　　　著　者　新　妻　弘　明
　　　　　　　　　　　　　　　中　鉢　憲　賢
　　　　　　　　　　　発行者　朝　倉　誠　造
　　　　　　　　　　　発行所　株式会社　朝　倉　書　店
　　　　　　　　　　　　　　　東京都新宿区新小川町 6-29
　　　　　　　　　　　　　　　郵便番号　162-8707
　　　　　　　　　　　　　　　電　話　03（3260）0141
〈検印省略〉　　　　　　　　　FAX　03（3260）0180
　　　　　　　　　　　　　　　https://www.asakura.co.jp

© 2003〈無断複写・転載を禁ず〉　印刷・製本　デジタルパブリッシングサービス

ISBN978-4-254-22736-9　C 3354　　　　　　Printed in Japan

JCOPY　〈出版者著作権管理機構 委託出版物〉
本書の無断複写は著作権法上での例外を除き禁じられています．複写される場合は，
そのつど事前に，出版者著作権管理機構（電話 03-5244-5088, FAX 03-5244-5089,
e-mail: info@jcopy.or.jp）の許諾を得てください．

好評の事典・辞典・ハンドブック

物理データ事典　　　　　　　　　日本物理学会 編
　　　　　　　　　　　　　　　　Ｂ５判　600頁
現代物理学ハンドブック　　　　　鈴木増雄ほか 訳
　　　　　　　　　　　　　　　　Ａ５判　448頁
物理学大事典　　　　　　　　　　鈴木増雄ほか 編
　　　　　　　　　　　　　　　　Ｂ５判　896頁
統計物理学ハンドブック　　　　　鈴木増雄ほか 訳
　　　　　　　　　　　　　　　　Ａ５判　608頁
素粒子物理学ハンドブック　　　　山田作衛ほか 編
　　　　　　　　　　　　　　　　Ａ５判　688頁
超伝導ハンドブック　　　　　　　福山秀敏ほか 編
　　　　　　　　　　　　　　　　Ａ５判　328頁
化学測定の事典　　　　　　　　　梅澤喜夫 編
　　　　　　　　　　　　　　　　Ａ５判　352頁
炭素の事典　　　　　　　　　　　伊与田正彦ほか 編
　　　　　　　　　　　　　　　　Ａ５判　660頁
元素大百科事典　　　　　　　　　渡辺　正 監訳
　　　　　　　　　　　　　　　　Ｂ５判　712頁
ガラスの百科事典　　　　　　　　作花済夫ほか 編
　　　　　　　　　　　　　　　　Ａ５判　696頁
セラミックスの事典　　　　　　　山村　博ほか 監修
　　　　　　　　　　　　　　　　Ａ５判　496頁
高分子分析ハンドブック　　　　　高分子分析研究懇談会 編
　　　　　　　　　　　　　　　　Ｂ５判　1268頁
エネルギーの事典　　　　　　　　日本エネルギー学会 編
　　　　　　　　　　　　　　　　Ｂ５判　768頁
モータの事典　　　　　　　　　　曽根　悟ほか 編
　　　　　　　　　　　　　　　　Ｂ５判　520頁
電子物性・材料の事典　　　　　　森泉豊栄ほか 編
　　　　　　　　　　　　　　　　Ａ５判　696頁
電子材料ハンドブック　　　　　　木村忠正ほか 編
　　　　　　　　　　　　　　　　Ｂ５判　1012頁
計算力学ハンドブック　　　　　　矢川元基ほか 編
　　　　　　　　　　　　　　　　Ｂ５判　680頁
コンクリート工学ハンドブック　　小柳　治ほか 編
　　　　　　　　　　　　　　　　Ｂ５判　1536頁
測量工学ハンドブック　　　　　　村井俊治 編
　　　　　　　　　　　　　　　　Ｂ５判　544頁
建築設備ハンドブック　　　　　　紀谷文樹ほか 編
　　　　　　　　　　　　　　　　Ｂ５判　948頁
建築大百科事典　　　　　　　　　長澤　泰ほか 編
　　　　　　　　　　　　　　　　Ｂ５判　720頁

価格・概要等は小社ホームページをご覧ください．